美军弹药运用与保障系列丛书

AMMUNITION SYSTEM IN SERVICE OF US ARMY BRIGADE COMBAT TEAM
美国陆军旅战斗队弹药装备体系

甄建伟　编著

北京理工大学出版社
BEIJING INSTITUTE OF TECHNOLOGY PRESS

内 容 简 介

在当前一体化联合作战的背景下，基于体系作战需要而构建作战能力是对武器装备发展的根本要求。弹药作为毁伤目标的终极手段，进行体系化系统建设是必然需求。本书以美国陆军旅战斗队弹药装备体系为对象，分别介绍了轻武器及其配套弹药、压制武器及其配套弹药、反坦克武器及其配套弹药、车载武器及其配套弹药，最终为读者呈现出一幅较为完整的美国陆军旅战斗队弹药装备概略全图。

本书共分为9章。第1章介绍美国陆军的基本情况、旅战斗队编制与任务、武器装备与配套弹药，第2章介绍枪械类武器及其配套弹药，第3章介绍单兵/班组榴弹发射武器及其配套弹药，第4章介绍反坦克导弹武器系统，第5章介绍迫击炮武器及其配套弹药，第6章介绍榴弹炮武器及其配套弹药，第7章介绍车载武器及其配套弹药，第8章介绍不占编制武器及弹药，第9章介绍美国陆军旅战斗队的弹药装备体系特点规律。

本书通过大量数据和图片展示了美国陆军旅战斗队弹药装备的现状，对整体掌握美国陆军旅战斗队弹药装备体系构成，指导陆军部队弹药装备体系建设具有重要作用。

版权专有　侵权必究

图书在版编目(CIP)数据

美国陆军旅战斗队弹药装备体系 / 甄建伟编著. --北京：北京理工大学出版社，2022.8
ISBN 978 - 7 - 5763 - 1625 - 4

Ⅰ. ①美… Ⅱ. ①甄… Ⅲ. ①陆军 - 武器装备 - 美国 Ⅳ. ①E922

中国版本图书馆 CIP 数据核字(2022)第 154684 号

出版发行 /	北京理工大学出版社有限责任公司
社　　址 /	北京市海淀区中关村南大街 5 号
邮　　编 /	100081
电　　话 /	(010) 68914775（总编室）
	(010) 82562903（教材售后服务热线）
	(010) 68944723（其他图书服务热线）
网　　址 /	http://www.bitpress.com.cn
经　　销 /	全国各地新华书店
印　　刷 /	保定市中画美凯印刷有限公司
开　　本 /	787 毫米 × 1092 毫米　1/16
印　　张 /	12.75
字　　数 /	300 千字
版　　次 /	2022 年 8 月第 1 版　2022 年 8 月第 1 次印刷
定　　价 /	69.00 元

责任编辑 / 徐艳君
文案编辑 / 徐艳君
责任校对 / 周瑞红
责任印制 / 李志强

图书出现印装质量问题，请拨打售后服务热线，本社负责调换

前言

2003年，美国陆军开始进行模块化部队建设。2008年，美国陆军部公布了模块化部队构成草案。2010年，陆军正式颁发FM 3-90.6《旅战斗队》野战条令。根据《2013年陆军战略规划指南》，美国陆军意欲打造一支能够全球投送、区域部署、使命定制的，集杀伤力、防护力、机动力和态势感知力等能力于一身的联合地面作战力量，以应对全球复杂、多变和不确定的作战环境。2015年10月，美军又发布了新版的FM 3-96《旅战斗队》野战条令。2020年，作为美军整体转型中期目标实现的预期时间节点，美国陆军旅战斗队的兵力设计与裁减重组已基本成型。

旅战斗队作为美国陆军主要的地面合成作战力量，集指挥与控制（或称任务式指挥）、情报、运动与机动、火力、防护、保障六大作战职能于一身，是美军与强敌开展大规模地面作战的基本抓手。火力作为旅战斗队作战职能的重要组成部分，可实现摧毁、压制、瘫痪、打乱、迟滞和牵制敌军等诸多战术目的，而弹药是火力投射的基本物质载体，在火力与机动作战中具有不可或缺的地位。对于其他作战职能，弹药也与它们具有一定的联系和支撑作用。总之，如果说美国陆军的旅战斗队是一头猛兽的话，那么其列装的弹药就是猛兽的尖牙和利爪。

目前，根据一体化地面作战特点需求，美国陆军旅战斗队已研发并列装了一系列弹药装备，形成了点面结合、远近衔接、软硬兼摧的弹药装备体系。同时，弹药技术的发展与进步也影响甚至改变着旅战斗队的作战方式。本书紧紧围绕弹药装备展开，期许为读者呈现一幅美国陆军旅战斗队弹药装备体系概略全图，从而在陆军部队弹药体系建设、弹药研制开发、弹药作战运用等方面提供系统支撑。

本书可作为地方高校军工专业、军队院校相关专业学生了解学习弹药装备体系的基础教材，也可作为部队官兵岗位能力提升和知识拓展更新的学习资源。

本书虽然是在查阅大量资料的基础上编写而成的，但由于编者的水平及所能获取的资料有限，书中难免有不当之处，敬请读者批评指正，不胜感谢。

作 者
2022年5月

目 录
CONTENTS

第1章 绪论 ··· 001
- 1.1 美国陆军概述 ·· 001
  - 1.1.1 美国的武装力量 ·· 001
  - 1.1.2 美国陆军的基本组成 ·· 002
  - 1.1.3 美国陆军的战略作用 ·· 003
  - 1.1.4 陆军部队的作战职能 ·· 004
  - 1.1.5 美国陆军的旅级部队 ·· 007
- 1.2 旅战斗队编制与任务 ·· 008
  - 1.2.1 步兵旅战斗队编制与任务 ······································ 008
  - 1.2.2 Stryker 旅战斗队编制与任务 ································· 012
  - 1.2.3 装甲旅战斗队编制与任务 ······································ 015
- 1.3 武器装备及其配套弹药 ··· 017
  - 1.3.1 弹药装备体系构成 ·· 017
  - 1.3.2 武器装备及其配套弹药 ··· 019

第2章 枪械类武器及其配套弹药 ··· 027
- 2.1 M9 型 9 mm 手枪及其配套弹药 ····································· 027
  - 2.1.1 M9 型 9 mm 手枪 ·· 027
  - 2.1.2 配套弹药 ·· 028
- 2.2 M4 型 5.56 mm 突击步枪及其配套弹药 ·························· 029
  - 2.2.1 M4 型 5.56 mm 突击步枪 ····································· 029
  - 2.2.2 配套弹药 ·· 029
- 2.3 M249 型 5.56 mm 班用机枪及其配套弹药 ······················· 034
  - 2.3.1 M249 型 5.56 mm 班用机枪 ·································· 034
  - 2.3.2 配套弹药 ·· 035
- 2.4 M240 型 7.62 mm 通用机枪及其配套弹药 ······················· 036
  - 2.4.1 M240 型 7.62 mm 通用机枪 ·································· 036

2.4.2 配套弹药	037
2.5 M2型12.7 mm机枪及其配套弹药	042
2.5.1 M2型12.7 mm机枪	042
2.5.2 配套弹药	042
2.6 M110型半自动狙击系统及其配套弹药	046
2.6.1 M110型半自动狙击系统	046
2.6.2 配套弹药	047
2.7 M107型12.7 mm狙击枪及其配套弹药	048
2.7.1 M107型12.7 mm狙击枪	048
2.7.2 配套弹药	048
2.8 M26型霰弹枪及其配套弹药	049
2.8.1 M26型霰弹枪	049
2.8.2 霰弹枪的口径标准	050
2.8.3 配套弹药	051

第3章 单兵/班组榴弹发射器及其配套弹药 054

3.1 M320型40 mm榴弹发射器及其配套弹药	054
3.1.1 M320型40 mm榴弹发射器	054
3.1.2 配套弹药	056
3.2 Mk19型40 mm自动榴弹发射器及其配套弹药	061
3.2.1 Mk19型40 mm自动榴弹发射器	061
3.2.2 配套弹药	062

第4章 反坦克导弹武器系统 068

4.1 标枪反坦克导弹武器系统及其配套弹药	068
4.1.1 标枪反坦克导弹武器系统	068
4.1.2 指挥发射单元	069
4.1.3 筒装导弹	070
4.1.4 标枪导弹的性能与特征	075
4.2 TOW式反坦克导弹武器系统及其配套弹药	077
4.2.1 TOW式反坦克导弹武器系统	077
4.2.2 配套弹药	080

第5章 迫击炮武器及其配套弹药 088

5.1 轻型迫击炮及其配套弹药	088
5.1.1 轻型迫击炮	088
5.1.2 配套弹药	089
5.2 中型迫击炮及其配套弹药	095
5.2.1 中型迫击炮	095
5.2.2 配套弹药	096
5.3 重型迫击炮及其配套弹药	101
5.3.1 重型迫击炮	101

5.3.2　配套弹药 ··· 107

第6章　榴弹炮武器及其配套弹药 ··· 113
6.1　轻型牵引式榴弹炮及其配套弹药 ··· 113
　　6.1.1　轻型牵引式榴弹炮 ··· 113
　　6.1.2　配套弹药 ··· 114
6.2　中型榴弹炮及其配套弹药 ··· 123
　　6.2.1　M777型牵引式榴弹炮 ··· 123
　　6.2.2　M109型自行式榴弹炮 ··· 125
　　6.2.3　配套弹药 ··· 126

第7章　车载武器及其配套弹药 ··· 144
7.1　Stryker系列车辆车载武器及其配套弹药 ··· 144
　　7.1.1　M1126型步兵运输车车载武器及其配套弹药 ··· 144
　　7.1.2　M1127型侦察车车载武器及其配套弹药 ··· 145
　　7.1.3　M1128型突击炮车车载武器及其配套弹药 ··· 146
　　7.1.4　M1129型迫击炮车车载武器及其配套弹药 ··· 147
　　7.1.5　M1130型指挥车车载武器及其配套弹药 ··· 148
　　7.1.6　M1131型火力支援车车载武器及其配套弹药 ··· 148
　　7.1.7　M1132型工程车车载武器及其配套弹药 ··· 149
　　7.1.8　M1133型医疗后送车车载武器及其配套弹药 ··· 150
　　7.1.9　M1134型反坦克导弹车车载武器及其配套弹药 ··· 150
　　7.1.10　M1135型核生化侦察车车载武器及其配套弹药 ··· 151
7.2　M1A2型主战坦克及其配套弹药 ··· 152
　　7.2.1　M1A2型主战坦克 ··· 152
　　7.2.2　配套弹药 ··· 153
7.3　M2系列步兵战车及其配套弹药 ··· 160
　　7.3.1　M2系列步兵战车 ··· 160
　　7.3.2　配套弹药 ··· 162

第8章　不占编制武器及弹药 ··· 168
8.1　手榴弹 ··· 168
　　8.1.1　基本情况 ··· 168
　　8.1.2　各种型号的手榴弹 ··· 170
8.2　单兵肩射武器及其弹药 ··· 183
　　8.2.1　M72系列轻型反装甲武器 ··· 183
　　8.2.2　M136 AT4型轻型反装甲武器 ··· 186
　　8.2.3　M141型单兵火箭筒攻坚弹 ··· 187
　　8.2.4　M3型多用途单兵武器系统 ··· 189

第9章　弹药装备体系特点规律 ··· 191

参考文献 ··· 194

第 1 章
绪　　论

美国是当今世界的超级大国,而美军是其称霸全球的最根本支柱。由于美军的巨大经费投入,频繁参与地区冲突,干涉全球重点事务,使其具备丰富的实战经验,已成为各国军队建设的引领和标靶。本章主要针对美国武装力量、美国陆军组成、陆军旅级部队、旅战斗队编制与任务,以及武器装备与配套弹药展开论述。

1.1　美国陆军概述

1.1.1　美国的武装力量

美国的武装力量主要由陆军、海军、空军、海军陆战队、太空部队、海岸警卫队和国民警卫队七部分构成,如图 1-1 所示。其中,前六部分为现役部队,也就是通常所说的六大军种,而国民警卫队属于预备部队。

图 1-1　美国的武装力量构成

美国陆军是美国武装力量中执行地面作战任务的主要军种。在美国的现役武装力量中，它的规模最大，历史也最悠久。美国陆军于 1775 年 6 月 14 日组建，其任务是利用优势地面力量来打败对手，并夺取、占领和防御相关地形。

美国海军是目前世界上规模最庞大、装备最先进的海军，于 1775 年 10 月 13 日组建。美国海军的任务是获得并维持对关键海域的控制，防护海上航线，使其免受陆上、水面、水下、空中的威胁。海军还可以为陆军提供海上运输、海上和空中火力支援等。

美国空军起源于美国陆军航空队，在第二次世界大战后独立成为一个军种，具体成立时间是 1947 年 9 月 18 日。空军的主要任务是夺取并保持制空权，以及根据需要来发挥航空战斗力量。同时，空军可以通过空中封锁、空中运输、近距空中支援等方式来支援陆军的行动。

美国海军陆战队组建于独立战争时期，它与美国海军部队一样，都归属美国海军部领导。海军陆战队是海军的地面部队，尤其擅长两栖作战，其主要任务是夺取或防御前进基地。

2018 年 6 月 18 日，美国总统特朗普下令美国国防部立即启动组建太空部队，太空部队独立于美国空军，成为美国武装力量的第六军种。太空部队的任务是捍卫美国在太空领域的国家利益和抵御外敌侵略，其职能包括为美军地面部队的卫星导航和即时通信提供技术及安全保障，保护美国在太空轨道上的资产，防止他国对美国卫星进行破坏，以及对他国导弹发射等活动进行监测和预警。

美国海岸警卫队是美国国土安全部的组成部分，因此它不在美国国防部的统辖下，但在战时它将受美国海军的指挥和控制。美国海岸警卫队司令是美国海岸警卫队的最高首长，由海岸警卫队四星上将担任，但他并不是参谋长联席会议成员。此外，美国海岸警卫队司令对海岸警卫队有直接的作战指挥权，他直接受总统领导。美国海岸警卫队的主要任务是从事海上拦截行动，以及保证港口和航道安全。

美国国民警卫队于 1636 年 12 月 13 日组建，当时是为了保卫殖民地而建立了一支民兵队伍。1903 年，美国颁布了《民兵法案》，将各州民兵组织整合成国民警卫队。美国国民警卫队是美国武装力量的重要后备，同时也是隶属于各州政府的地方武装部队，它主要包括陆军国民警卫队和空军国民警卫队。

1.1.2 美国陆军的基本组成

美国陆军作为美国军事力量的重要组成部分，由美国陆军现役部队（Active Component）和美国陆军预备部队（Reserve Components）两部分构成。其中，美国陆军的预备部队包括美国陆军国民警卫队（Army National Guard）和美国陆军预备队（Army Reserve）。

美国陆军现役部队也称为正规军（Regular Army），受美国总统统辖。该军种的具体事务由陆军部长、陆军参谋长和其他委任的官员负责和管理。正规军包括为执行地面为主的行动所必需的各种专业队伍。然而，正规军仍依赖于陆军国民警卫队和陆军预备队的能力支持。

根据美国宪法，陆军国民警卫队具有双重角色，它既是各州的军事力量，也是正规军的后备作战力量。美国各州、属地（关岛、波多黎各和维尔京群岛）和哥伦比亚特区都有陆军国民警卫队。在被联邦政府调用之前，陆军国民警卫队由各州的州长指挥。每个州或地区都有一位由州长任命的将官来指挥所属的陆军国民警卫队,州长可以命令陆军国民警卫队为本州的各项事务服务。在平时,陆军国民警卫队的主要任务是应对自然灾害和其他国内紧急情况。陆军国民警卫队的编制和装备与正规军类似。陆军部为其提供装备和大部分资金,并负责评估他们的战备状况。然而,各州在人员招聘、配备和培训等方面仍有自主权。

美国陆军预备队隶属于总统,是联邦政府的军队。在需要时,预备队的成员可以被动员起来。大多数预备队士兵是在正规军中服役一段时间后,选择继续在预备队中服役。陆军预备队的规模约占陆军部队编制的五分之一,但它却提供了陆军一半的保障部队和大部分民事能力。陆军预备队也是军队合格士兵的重要来源,用于在危机期间快速填补正规军的空缺。

在陆军的构成中,除以上部队外还包括一定数量的文职人员。

1.1.3 美国陆军的战略作用

美国陆军的主要任务是组织、训练、装备所属部队,使其开展迅速、持久的地面战斗,以击败敌人的地面部队,夺取、占领和保守陆地区域。美国陆军将自身的战略作用归纳为四个方面,即塑造作战环境(Shape Operational Environments)、防止冲突(Prevent Conflict)、在大规模地面战斗中取胜(Prevail in Large-scale Ground Combat)和巩固成果(Consolidate Gains)。

1. 塑造作战环境

陆军的塑造行动旨在把促进区域稳定的所有活动聚集起来,并为军事对抗时取得有利结果而创造条件。作为塑造行动的一部分,陆军向战区指挥官提供训练有素的战备值班部队,以支持他们的战役计划。战区陆军和下属陆军部队帮助战区指挥官建立合作能力,同时促进责任区域的稳定。陆军的塑造行动在战区指挥官的责任区域内持续开展,其贯穿于联合行动之前、期间和之后的全过程。塑造活动包括为保障美国利益而开展的安全合作和前沿存在,为自我防卫和多国行动而发展的同盟关系和友善军事力量,以及为美军平、战时进入东道国而持续建立的训练与行动区域。区域结盟和前沿存在对于实现加强跨国伙伴全球网络和防止冲突的目标至关重要。陆军在各战区派驻部队并预先部署装备,可以使国家领导人对突发事件作出迅速反应。陆军针对潜在行动进行的战备、训练和计划代表着常驻地活动,这也是塑造行动的一个组成部分。

2. 防止冲突

陆军的防止冲突行动包括阻止敌人进行的所有不受欢迎行动的活动。这些活动通常是针对敌方意图妨碍美国利益的迹象所作出的回应,或是对敌方正在进行的活动的回应。其目的是通过提高敌方威胁美国利益的行动成本,来改变对手的下一步行动。防止冲突通常侧重于保护友军、资产和伙伴的行动,并表明美国打算执行行动计划的后续阶段。防止冲突可能包括动员调动、部队调整和其他部署前的活动;还可能涉及作战区域内的初始部署,其中包括梯次配置指挥所、运用情报搜集资产,以及继续升级通信、保障和防护用基础设施,以支持联合作战司令部的作战概念。无论使用何种方法来提高对手的潜在成本,对冲突发生的主要威慑是展现一支能在大规模战斗中取胜的高素质联合作战力量,即能战方能止战,准备打才可能不必打,越不能打越可能挨打。

3. 在大规模地面战斗中取胜

在大规模地面作战行动中,陆军部队作为联合部队的一部分,专注于击败和摧毁敌方地面部队。陆军应在任意地形上接近并摧毁敌人，扩大胜利成果，并摧毁敌人的抵抗意志。为了实现国家目标，陆军部队应执行进攻、防御和稳定任务，并巩固成果。军和师是进行大规模作战行动的核心编队。在地面作战中的取胜能力是摧毁敌人继续战斗的能力和意志的决定性因素。美国陆军战略作用中的"在大规模地面战斗中取胜"，与我们的"能打胜仗"强军目标相契合。"在大规模地面战斗中取胜"和"能打胜仗"都是军队建设的核心，反映了军队的根本职能和建设的根本指向。

4. 巩固成果

陆军的巩固成果行动是为了使暂时的行动成功获得持久，并为可持续的安全环境创造条件，以便将控制权移交给其他合法当局。巩固成果是武装冲突不可分割的一部分，是在各种军事行动中取得成功的必要条件。作为击败敌人以实现总体政治和战略目标的一部分，陆军为了巩固成果应在整个行动中周密地筹划。早期有效的巩固行动是在其他行动进行的同时进行的一种运用形式，它能够在最短的时间内取得持久的良好结果。在某些情况下，陆军将负责整合部队和同步行动，以巩固成果。在其他情况下，陆军将为其他力量提供支援。陆军可以在一段时间内巩固在大片土地上取得的成果。虽然陆军巩固成果贯穿于作战的全过程，但是在大规模作战结束后巩固成果将成为陆军的工作重点。

1.1.4 陆军部队的作战职能

军队是要准备打仗的，为了打胜仗军队必须要有战斗力。战斗力是指武装力量遂行作战任务的能力，又称为作战能力。战斗力由人员、武器以及人员和武器有机结合的最佳组织形式构成。

美军认为：战斗力是指某一军事单位在特定时间内能够运用的所有破坏力、建设力和信息力的手段与方法（Combat power is the total means of destructive, constructive, and information capabilities that a military unit or formation can apply at a given time）。执行进攻、防御、稳定及其他行动，需要不断地产生和运用战斗力。对于陆军指挥官而言，陆军部队通过将潜力转化为有效行动来产生战斗力。美军认为战斗力由八个要素构成，即领导力、信息、指挥与控制、运动与机动、情报、火力、保障、防护。这些要素有助于陆军部队获得联合部队和多国部队的火力和资产。美国陆军将后面的六个要素称为作战职能。在作战行动中，指挥官利用领导力和信息，通过作战职能来发挥战斗力的作用。

美军陆军所定义的作战职能（Warfighting Function）是由一个共同目的联合起来的一批工作和系统，指挥官可以利用这些工作和系统完成任务。也就是说，作战职能是部队所应有的职责与功能。作战职能为指挥官和参谋人员提供具有通用能力的智力组织，以帮助其实现目标和完成任务。美国陆军认为，作战行动的成功执行需要以不同组合方式利用所有的作战职能，如指挥与控制、运动与机动、情报、火力、保障、防护，同时需要结合领导力和信息这两个战斗力要素。

1. 指挥与控制

指挥与控制作战职能（Command and Control Warfighting Function）是使指挥官汇聚和同步所有战斗力要素的相关工作和系统。它的主要目的是协助指挥官整合战斗力的其他要素，包括领导力、信息、运动与机动、情报、火力、保障、防护，以实现目标和完成任务，如图 1-2 所示。

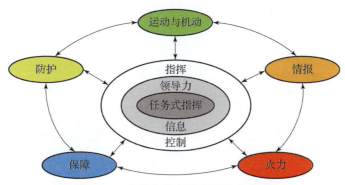

图 1-2 指挥与控制作战职能的作用

指挥与控制作战职能由指挥控制的工作任务和指挥控制系统两部分组成。它的工作任务包括指挥部队、控制行动、推动进程，以及建立指挥控制系统等。指挥控制系统由人员、网络、指挥所和工作流程组成。

2. 运动与机动

运动与机动作战职能（Movement and Maneuver Warfighting Function）是为了获得相对敌方的优势位置而运动和部署部队的相关工作和系统。该职能包含与部队投射相关的职责和功能。其中，相对优势位置是指作战区域内的一个地点或确立的一个有利条件，它可以为指挥官提供暂时的行动自由，以增强相对敌人的战斗力，或诱导敌人接受风险并运动至不利的位置。这种相对优势位置可能存在于环境的任何或所有维度——物理的、信息的和认知的。

在陆军战术方面，运动（Movement）是指为了给机动创造条件而进行的战斗力部署。为了对运动进行指挥，陆军部队可采用各种运动方法（Movement Techniques）、运动队形（Movement Formations），并进行战斗演练，以减少在机动前与敌人发生接触的风险。

机动（Maneuver）是指在作战区域通过结合火力和信息的运动，使力量到达相对敌人更有利的位置。通过机动可以直接获得或利用相对优势位置。对陆军而言，机动就是与火力相结合的运动（Maneuver is movement in conjunction with fires），即直瞄火力和近距离战斗是机动所固有的内容。机动能够创造和暴露敌人的弱点，便于己方战斗力效果的集中发挥，以达成突然性、震撼性和冲击性的目的。指挥官以对称和非对称方式运用战斗力要素，以获得相对敌人的优势位置。

运动与机动作战职能的任务包括运动、机动、运用直瞄火力、占领区域、反机动、侦察与监视、运用战场遮蔽。运动与机动作战职能不包括人员和物资的行政性移动，因为这些移动属于保障作战职能。

3. 情报

情报作战职能（Intelligence Warfighting Function）是有助于理解敌人、地形、天气、民事因素和作战环境的其他重要方面的相关工作和系统。

情报作战功能将信息收集行动与侦察、监视、警戒和情报等主要战术行动同步起来。情报是由指挥官驱动的，它包括分析所有来源的信息，并开展行动来发展态势。陆军通过作战和情报过程来执行情报、监视、侦察行动，其重点是情报分析和信息收集。情报作战功能的任务包括：为力量生成提供情报支持，为理解态势提供支持，进行信息收集，以及为信息能力和瞄准能力提供情报支持。情报作战功能可以为战区内所有层级的部队提供情报支持。获取更多的情报可以降低行动的不确定性，并降低部队的风险。在充分的情报支持下，指挥官可以部署更少的侦察与监视力量，预留更少的预备队，编组更小的警戒部队，赋予部队更多的行动内容，以及使作战节奏变得更快。

4. 火力

火力作战职能（Fires Warfighting Function）是在全域内产生并集中效果来打击敌人，从而为整个作战区域内的行动赋能的相关工作和系统。火力作战职能可以产生由陆军本身和联合部队投射的致命性和非致命性效果。许多有助于火力的能力也可能同时有助于其他作战职能。例如，一个航空单位可以同时执行有助于运动与机动、火力、情报、保障、防护，以及指挥与控制作战功能的相关任务。

指挥官必须将火力与其他战斗力要素相结合，以产生和聚集完成任务所需的效果。火力作战职能的任务包括：①在五个作战域和信息环境中投射火力，它可以利用地对地火力、空对地火力、地对空火力、网络战与电子战、空间作战、多国火力、特种作战、信息作战等手段；②整合陆军火力、联合火力、多国火力，它可以通过瞄准、作战过程、火力支援规划、空域规划与管理、电磁频谱管理、跨国整合、演练来实行。

5. 保障

保障作战职能（Sustainment Warfighting Function）是为了保证行动自由、扩大行动范围、延长持续时间，而提供支援与服务的相关工作和系统。保障对于保持和利用主动权至关重要。美军认为，保障作战职能由四个要素组成，即后勤保障、财务管理、人事服务和健康支持。

（1）后勤保障。美军的后勤保障包括装备的设计、研发、采办、储存、运输、分发、维护和处置，设施的获取或建造、维护、运行和处置，以及服务的采办或供给。而美国陆军的后勤保障仅包括维修、运输、供应、分发、行动、支持和一般性工程。需要注意的是，爆炸危险品处置任务属于防护作战职能，而不属于保障作战职能。

（2）财务管理。美军的财务管理是指在军事行动范围内对财政政策和经济力量的利用。财务管理包括财务运作和资源管理。

（3）人事服务。人事服务是为了在战役和战术层次上计划、协调和维持人员的工作力度，它包括人力资源、法律、宗教等方面的支持。

（4）健康支持。美国陆军的健康系统支持包括健康服务支持和部队健康防护两个方面，这是嵌入部队的关键能力，它跨越了所有的作战职能。其中，健康服务支持属于保障作战职能的范围，而部队健康防护任务属于防护作战职能的范畴。健康服务支持是为了促进、改善、保全或恢复陆军人员的身体健康而开展的工作。

6. 防护

防护作战职能（Protection Warfighting Function）是保护部队以发挥其最大战斗力的相关工作和系统。当指挥官理解和察觉了作战环境中的威胁或危险时，就应采取有效的防护措施。防护作战职能能够使指挥官同步和整合所有防护能力，以防护基地、警戒路线和保护部队，从而保持部队的完整性和战斗力。在行动过程中，防护是一种持续进行的活动。就像任何防御措施一样，有效的物理安全措施之间都需要形成重叠并实现纵深部署。防护能力的优先级取决于具体情况和掌握的资源。

防护作战职能的工作内容包括保护美国及其盟友的人员，包括战斗人员和非战斗人员，以及其他有形资产。其具体任务包括提高战场生存能力、提供部队健康防护、进行核生化行动、支援爆炸危险品的处理工作、协调防空和导弹防御支援、救治战场人员、运用反恐措施、控制人口和资源、开展区域警戒、防护网络与电磁空间等。

1.1.5 美国陆军的旅级部队

美国陆军负责为美国提供大部分的地面作战部队。目前，美国陆军以旅为基本作战单位。根据能力特点的不同，美国陆军的旅可分为旅战斗队（Brigade Combat Team）、多功能支援旅（Multifunctional Support Brigade）和功能支援旅（Functional Support Brigade）三种类型。

旅战斗队是美国陆军主要的合成型近距离作战部队，美国陆军的组织和编配也主要围绕旅战斗队展开。根据编制与装备的不同，旅战斗队可分为装甲旅战斗队、Stryker 旅战斗队和步兵旅战斗队三种类型。每种类型的旅战斗队都包含步兵、炮兵、工兵、侦察兵等诸多兵种。截至 2020 年，美国陆军的现役部队有 30 个旅战斗队，美国陆军的国民警卫队有 26 个旅战斗队，而美国陆军的预备队没有旅战斗队，具体情况如表 1 – 1 所示。

表 1 – 1　美国陆军的旅战斗队数量

旅战斗队	属美国陆军现役部队/个	属美国陆军国民警卫队/个	小计/个
装甲旅战斗队	9	5	14
Stryker 旅战斗队	7	2	9
步兵旅战斗队	14	19	33
合计/个	30	26	56

多功能支援旅的主要作用是在战区内支援旅战斗队的行动。多功能支援旅主要包括战斗航空旅、野战炮兵旅、机动增强旅、战场监视旅和保障旅。战斗航空旅装备有人和无人飞机系统，可以根据任务需要进行编组，以支援多个旅战斗队的行动。战斗航空旅可以执行侦察、警戒、攻击、空中突击、空中机动、指挥与控制支援、航空医疗后送、个人救护等任务。野战炮兵旅装备榴弹炮、火箭炮等装备，可以为旅战斗队的行动提供火力支援。同时，野战炮兵旅也具有目标获取装备和相关人员编制，能够单独执行目标探测、火力投射和效果评估等任务。机动增强旅主要为己方部队提供防护和机动性支援，同时阻止或削弱敌军行动所产生的效果，其典型的力量编成包括防化、宪兵、民事、工兵、爆炸军械处理等部队。战场监视旅主要进行情报、监视和侦察行动，其工作对象包括敌军、地形、天气和民事等方面。保障旅的核心能力是后勤行动的指挥与控制，其中包括生命支援活动、物资分发的管理和运动控制等。

功能支援旅设计用于战役或战区级别的作战行动中。一旦部署完毕，这些旅就会进行战役或战区级别的支援。功能支援旅包括防空、工兵、宪兵、网络、信号、爆炸物处理、医疗支援等力量。这些部队中的许多单位不仅负责为陆军部队提供支持，还负责为作战行动中的其他军种部队提供支持。例如，陆军通常负责战区的所有后勤职能、港口操作，以及战俘的拘留行动等。

除作战和支援部队之外，陆军还有许多较小的组织机构，它们负责执行旅战斗队所不擅长的任务。例如，美国陆军的特种作战部队，如第 75 游骑兵团、第 160 特种作战航空团、7 个特战组等单位，以及陆军负责运行的国家导弹防御系统的陆基中段防御部分。

1.2　旅战斗队编制与任务

在大规模一体化地面作战行动中，美国陆军旅战斗队通常作为师或联合特遣部队的一部分来执行任务。师或联合特遣部队作为战术指挥部，在高或中等强度的战斗行动中可以指挥控制多达 6 支旅战斗队。战术指挥部可以为旅战斗队分配作战任务、行动区域和支援力量，指挥部还负责协调所属部队中各个旅战斗队的行动。旅战斗队也可以将所属部队分派到其他旅战斗队，或直接归师、特遣部队指挥。通常，战术指挥部为旅战斗队配属加强力量。野战炮兵旅、机动增强旅、战场监视旅、战斗航空旅和保障旅都能够支援旅战斗队的作战行动。

旅战斗队具有任务式指挥、运动与机动、情报、火力、保障和防护六大职能，能够进行决定性作战行动，其中包括进攻行动、防御行动和稳定行动，以及这些类型行动的组合。在兵种编配上，旅战斗队拥有步兵、炮兵、侦察兵、信号兵、工程兵、防化兵和保障力量。上级司令部还可以根据任务具体需求，为旅战斗队配属额外的力量，其中可能包括航空兵、装甲兵、防空兵、宪兵、军事信息支援分队和民事部队等。这种灵活的战斗编成方式，赋予了旅战斗队完成各种军事行动的能力。

为了满足各种作战环境的具体需求，美国陆军将旅战斗队设计为三种不同的类型，分别是步兵旅战斗队、Stryker 旅战斗队和装甲旅战斗队。以下分别对三种旅战斗队的编制与任务进行介绍。

1.2.1　步兵旅战斗队编制与任务

步兵旅战斗队是一种轻型远征合成部队，特别适合在复杂地形下作战，例如城市环境，或在同一区域内有两种及以上限制性地形或环境。步兵旅战斗队具备通过地面、空中或两栖方式快速进入作战区域的能力。其中，空降型步兵旅战斗队可以通过伞降方式对敌实施垂直包围。步兵旅战斗队在复杂地形条件下的徒步行动能力是它与其他类型旅战斗队的典型区别。美国陆军步兵旅战斗队的训练场景如图 1-3 所示。

图 1-3　美国陆军步兵旅战斗队的训练场景

步兵旅战斗队的主要作用是采用运动和火力方式接近敌人，以达到摧毁、俘获敌军的目的，或用火力、近战和反击方式击退敌军。步兵旅战斗队的任务可以与 Stryker 旅战斗队和装甲旅战斗队相辅相成，其中包括对地域、人口和资源的控制。步兵旅战斗队能够在极其严酷的地形条件下应对常规的、非常规的和混合的威胁。步兵旅战斗队适合执行区域防御任务，也可以作为固守部队来执行机动防御任务。由于步兵旅战斗队不装备重型战斗车辆，因此对后勤的保障需求较低。同时，未装备重型战斗车辆的步兵旅战斗队的机动灵活性更高，可以采用多种运输方式实施机动。其中，空降型旅战斗队可以采用伞降方式执行任务，例如美国陆军的第 82 空降师；而且所有的步兵旅战斗队都具备空中突击的行动能力，即搭载通用直升机或运输直升机实施机降作战。但是，在美国陆军现行的编制中只有第 101 空中突击师具备大量的直升机运载手段，而其他部队的机降运输能力非常有限。美国陆军进行伞降和机降训练的场景如图 1-4 所示。

图 1-4　美国陆军进行伞降和机降训练的场景

步兵旅战斗队的编制包括旅部及旅部连、旅工兵营、旅侦察营、旅炮兵营、旅支援营各 1 个，以及 3 个旅步兵营，如图 1-5 所示。

1. 旅部及旅部连

旅部及旅部连的任务是指挥、控制和监督本旅及其配属单位的行动。旅部及旅部连还提供相关行动人员，以满足指挥部的功能需求。

2. 旅工兵营

旅工兵营由营部及营部连、战斗工兵 1 连、战斗工兵 2 连、旅信号连、军事情报连和战术无人机排组成。

旅工兵营的营部负责指挥、控制和监督旅工兵营及其附属单位的战术行动。营部连为营参谋部门提供行政管理、信息管理和后勤保障，同时还向建制内单位及附属单位提供行政管理和医疗保障。

战斗工兵 1 连通过完成一定的机动性、反机动性、生存性和支援性工程任务来提高步兵旅的作战效能，或在必要时执行步兵作战任务。

战斗工兵 2 连的任务是指挥和控制所属单位，协调、指导和开展一般性工程、勘察和设计，并负责探测和消除行进路线上的爆炸危险物，以支援旅级战斗队的行动。

旅信号连主要为所支援的旅级战斗队提供用于作战指挥、控制、通信、计算机、情报、监视和侦察（C4ISR）的全天时信号系统网络。

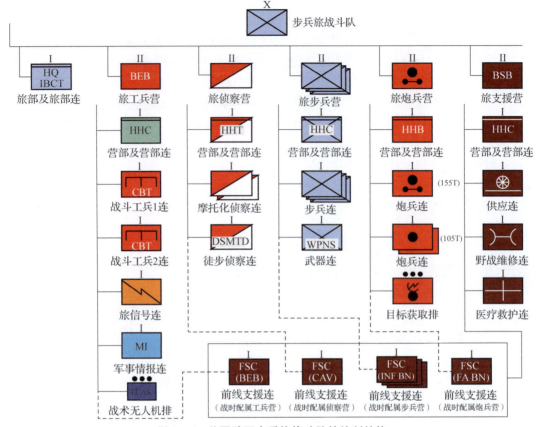

图 1−5　美国陆军步兵旅战斗队的编制结构

军事情报连主要为旅级战斗队的机动部队提供及时、相关、准确、同步的情报、监视和侦察（ISR）支持，并在分配的战场区域支援旅指挥官、参谋人员和下属人员，帮助其执行多个同时展开的决定性行动的规划、准备和执行工作。

战术无人机排的主要任务是提供航空图像情报支持。

3. 旅侦察营

旅侦察营又称骑兵中队，主要执行侦察与监视任务，以及警戒行动。旅侦察营由营部及营部连、2 个摩托化侦察连和 1 个徒步侦察连组成。

旅侦察营的营部及营部连的任务是指挥、控制和监督侦察营及其附属单位的战术行动，为营参谋部门提供行政管理和后勤支援，同时还向建制内单位及附属单位提供行政管理和医疗保障。

摩托化侦察连的主要任务是执行侦察和监视任务，以支持本旅在作战区域的态势感知能力。它主要是依托轮式车辆来执行任务。

徒步侦察连的任务与摩托化侦察连相同，也是执行侦察和监视任务，以支持本旅在作战区域的态势感知能力。它主要是采用徒步渗透或利用直升机来执行任务。

4. 旅步兵营

旅步兵营是步兵旅战斗队的主要机动部队，它由营部及营部连、3 个步兵连和 1 个武器连组成。

旅步兵营的营部及营部连的主要任务是指挥、控制和监督旅步兵营及其附属单位的战术行动，为营参谋部门提供行政管理和后勤支援，同时还向建制内单位及附属单位提供间瞄迫击炮火力支援，以及侦察、行政管理和医疗保障。营部连下设1个营指挥组、1个营参谋组、1个连部、1个医疗排、1个侦察排、1个迫击炮排、1个信号排和1个狙击班。

步兵连的主要任务是与敌近距离接触，以火力和机动方式消灭或俘虏敌人，或以火力、近战、反冲击的方式击退敌人的进攻。步兵连由指挥组、3个步兵排、1个迫击炮分队组成。每个步兵排有3个步兵班和1个武器班。迫击炮分队有2个迫击炮班，每个班配1门60 mm迫击炮。步兵连的惯常配属单位包括：在连级配属1个火力支援组（Fire Support Team）和1名高级医疗兵，在各排分别配属1个前方观察员组（Forward Observer Team）和1名医疗兵。

武器连的主要任务是为步兵连提供反装甲火力支援，为接近敌人提供加强机动火力，以火力和机动方式消灭或俘虏敌人，或以火力、近战、反冲击的方式击退敌人的进攻。武器连由连部和4个突击排组成。每个突击排有2个分排，每个分排有2个班，每个班包括4名士兵，并编配1辆安装有重型武器的车辆。车载重型武器可以根据任务变量进行调整，其中包括TOW式反坦克导弹武器系统、Mk19型40 mm自动榴弹发射器、M2系列重机枪、M240系列通用机枪或标枪反坦克导弹武器系统。虽然编配的所有车辆都可以安装Mk19型自动榴弹发射器和M2系列重机枪，但是每个排仅有2辆车可以安装TOW式反坦克武器系统。武器连的惯常配属力量包括连级配属的火力支援组和医疗兵。

5. 旅炮兵营

旅炮兵营主要由营部及营部连、1个155 mm口径的牵引式榴弹炮连、2个105 mm口径的牵引式榴弹炮连和1个目标获取排组成。对于空降型的步兵旅战斗队，其附属的炮兵营仅有1个105 mm口径的牵引式榴弹炮连，而其他编制不变。除此之外，旅炮兵营还包括炮兵定位雷达分队、气象分队、测量分队、反火力作战分队和轻型反迫击炮雷达分队等。

旅炮兵营的营部及营部连的主要任务是为建制内和配属的野战炮兵部队提供指挥、控制、行政管理以及服务保障。

炮兵连的主要任务是用榴弹炮火力摧毁、消灭和压制敌人。

目标获取排的任务是为附属的野战炮兵目标获取分队提供队级指挥和控制。

炮兵定位雷达分队的任务是确定作战区域内敌方迫击炮的射击阵地。气象分队的任务是为野战炮兵的射击操作提供气象数据。测量分队的任务是为雷达和气象设备的精确定位和定向提供测量基准点和其他数据。反火力作战分队的任务是进行敌方火炮目标的数据计算与处理，并提供瞄准数据。轻型反迫击炮雷达分队的任务是确定作战区域内敌方迫击炮的射击阵地。

6. 旅支援营

旅支援营是步兵旅战斗队建制内的保障部队，它由营部及营部连、供应连、野战维修连、医疗救护连和6个前线支援连组成。

旅支援营的营部及营部连的任务是为旅支援营的所有建制内单位和配属单位提供指挥控制、行政规划、监督管理和野战补给支援。

供应连的任务是为步兵旅战斗队提供野战补给、运输保障和物资支援。

野战维修连的任务是为步兵旅支援营的所有车辆、地面支援装备、通信电子设备、特殊武器系统和有限的救援设备提供野战维修支援。

医疗救护连的任务是使用建制内的医疗救护排，为营级机动部队提供二级医疗保障。该连可为旅支援区域内没有建制内医疗资源的单位提供一级和二级医疗服务。

在平时，前线支援连在旅支援营的统一组织下开展训练。在战时，6个前线支援连分别配属给旅工兵营、旅侦察营、旅炮兵营和3个旅步兵营，即每个营配属1个前线支援连。前线支援连的任务是为所配属的营提供野战维修（其中包括通信设备和通信安全设备）、野战补给、运输保障、物资供应等方面的支援保障。

1.2.2 Stryker 旅战斗队编制与任务

Stryker 旅战斗队是一种中型远征合成部队，主要的战斗力量是 Stryker 系列战车和车载步兵。Stryker 旅战斗队具备快速战略部署和高度机动能力，这使其能够在绝大多数地形条件下进行全天候作战。这种类型的旅战斗队大量装备的 Stryker 系列车辆，能够由 C-130 型战术运输机来空运，从而增强了旅战斗队的快速部署能力。美国陆军 Stryker 旅战斗队的训练场景如图1-6所示。

图1-6　美国陆军 Stryker 旅战斗队的训练场景

Stryker 旅战斗队的主要任务是采用运动和火力方式接近敌人，以达到摧毁、俘获敌军的目的，或用火力、近战和反击方式击退敌军，以控制相关地域、人口和资源。它可以利用高机动优势，夺取并占据关键地形或区域，从而获得战场主动权，并且依靠高度集中的火力来阻止敌军的行动，以达到塑造战场态势的目的。Stryker 旅战斗队的编制包括旅部及旅部连、工兵营、侦察营、炮兵营、支援营各1个，以及3个步兵营，如图1-7所示。

1. 旅部及旅部连

旅部及旅部连的任务是计划、指挥、控制、协调 Stryker 旅的行动，并提供信息管理和通信服务。它还为特定的旅属单位提供能力所及的支援保障。

2. 旅工兵营

旅工兵营由营部及营部连、战斗工兵1连、战斗工兵2连、旅信号连、军事情报连、战术无人机排和反装甲连组成。

旅工兵营的营部负责指挥、控制和监督旅工兵营及其附属单位的战术行动。营部连为营参谋部门提供行政管理、信息管理和后勤保障，同时还向建制内单位及附属单位提供行政管理和医疗保障。

战斗工兵1连的任务是为旅战斗队提供机动性、部队防护，以及一定的反机动性、生存性和工程类保障。

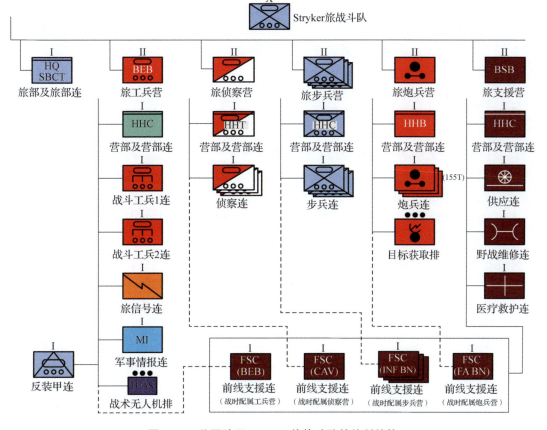

图 1-7 美国陆军 Stryker 旅战斗队的编制结构

战斗工兵 2 连的任务与战斗工兵 1 连相同。

旅信号连的任务是为旅战斗队提供用于作战指挥、控制、通信、计算机、情报、监视和侦察（C4ISR）的全天时信号系统网络，其中包括分发、安装、操作和维护这些系统。

军事情报连主要为旅级战斗队的机动部队提供及时、相关、准确、同步的情报、监视和侦察（ISR）支持，并在分配的战场区域支援旅指挥官、参谋人员和下属人员，帮助其执行多个同时展开的决定性行动的规划、准备和执行工作。

战术无人机排的任务是提供航空图像情报支持。

反装甲连的任务是提供远程、精确的反装甲火力支援，以增强 Stryker 旅战斗队的杀伤力和战场生存能力。反装甲连是 Stryker 旅战斗队的主要反装甲力量，它编有 3 个反装甲排，每个反装甲排编有 3 辆 Stryker 反坦克导弹发射车和 1 个火力支援组。

3. 旅侦察营

Stryker 旅战斗队的侦察营也称为骑兵中队，它由营部及营部连和 3 个侦察连组成，该营具有优异的机动能力。

旅侦察营的营部及营部连的任务是指挥、控制和监督侦察营及其附属单位的战术行动，为营参谋部门提供行政管理和后勤支援，同时还向建制内单位及附属单位提供行政管理和医疗保障。

侦察连的主要任务是执行准确、及时的地面侦察和监视任务，以支援旅战斗队的行动，从而使旅指挥官能够在其选定的时间和地点准确地部署附属的地面部队或联合火力。侦察连由 3 个侦察排、1 个火力支援组和 1 个迫击炮分队组成。每个侦察排包括 4 辆侦察车。迫击炮分队装备 2 门 120 mm 口径的 Stryker 车载迫击炮。

4. 旅步兵营

旅步兵营由营部及营部连和 3 个步兵连组成。

营部及营部连的主要任务是指挥、控制和监督步兵营及其附属单位的战术行动，为营参谋部门提供行政管理和后勤支援，同时还向建制内单位及附属单位提供间瞄迫击炮火力支援，以及侦察、行政管理和医疗保障。营部连编有 1 个侦察排、1 个迫击炮排、1 个火力支援组、1 个狙击班和 1 个医疗排。其中，营部连的迫击炮排除了装备 120 mm 口径的 Stryker 车载迫击炮，还携带有 81 mm 口径的便携式迫击炮。

步兵连的主要任务是与敌近距离接触，以火力和机动方式消灭或俘虏敌人，或以火力、近战、反冲击的方式击退敌人的进攻。每个步兵连包括 3 个步兵排、1 个突击炮排、1 个车载迫击炮分队、1 个狙击组、1 辆火力支援车、1 辆医疗后送车和 2 辆步兵运输车。其中，车载迫击炮分队装备 2 门 120 mm 口径的 Stryker 车载迫击炮，另外迫击炮车上还携带有 60 mm 口径的便携式迫击炮；突击炮排装备 3 辆突击炮。

5. 旅炮兵营

旅炮兵营主要由营部及营部连、3 个 155 mm 口径的牵引式榴弹炮连和 1 个目标获取排组成；除此之外，还包括炮兵定位雷达 1 分队、炮兵定位雷达 2 分队、气象分队、测量分队、反火力作战分队和轻型反迫击炮雷达分队等。

旅炮兵营的营部及营部连的主要任务是对建制内和配属的野战炮兵部队进行指挥、控制和行政管理。

炮兵连的主要任务是用榴弹炮火力摧毁、消灭和压制敌人。每个炮兵连装备 6 门 M777 系列 155 mm 口径的轻型牵引式榴弹炮。

目标获取排的任务是指挥和控制建制内和配属的野战炮兵目标获取资产。

炮兵定位雷达 1 分队的任务是确定作战区域内敌方迫击炮的射击阵地。炮兵定位雷达 2 分队的任务是确定敌方压制火炮、火箭炮的射击阵地。气象分队的任务是为野战炮兵的射击操作提供气象数据。测量分队的任务是为雷达和气象设备的精确定位和定向提供测量基准点和其他数据。反火力作战分队的任务是进行敌方火炮目标的数据计算与处理，并提供瞄准数据。轻型反迫击炮雷达分队的任务是确定作战区域内敌方迫击炮的射击阵地。

6. 旅支援营

旅支援营由营部及营部连、供应连、野战维修连、医疗救护连和 6 个前线支援连组成。

旅支援营的营部及营部连的任务是对旅支援营的所有建制内单位和配属单位进行指挥与控制、参谋规划和监督管理，以及伙食保障。

供应连的任务是为 Stryker 旅战斗队提供运输保障和物资支援。

野战维修连的任务是为 Stryker 旅战斗队提供野战维修支援。

医疗救护连的任务是向旅属部队和旅作战区域内的非旅属部队提供旅级战斗卫生支援。这种支援包括部署和协调配属给旅战斗队的军级部队卫生保护力量。

在平时，前线支援连在旅支援营的统一组织下开展训练。在战时，6 个前线支援连分别配属给旅工兵营、旅侦察营、旅炮兵营和3个旅步兵营,即每个营配属1个前线支援连。前线支援连的任务是为所配属的营提供野战维修、运输保障、物资供应等方面的支援保障。

1.2.3 装甲旅战斗队编制与任务

装甲旅战斗队是一种重型合成部队,主要的战斗力量是主战坦克、步兵战车及其装载的步兵。在开阔地形上,装甲旅战斗队的战斗力无可比拟。它编配大量的装甲战车,战车的机动性、火力和防护使其能够以很高的冲击速度执行进攻任务,可以对步兵旅战斗队和Stryker旅战斗队构成能力上的补充。同时,装甲旅战斗队也能够执行防御任务,以挫败敌人的进攻、争取时间和节约兵力,进而为进攻行动创造有利条件。美国陆军装甲旅战斗队的训练场景如图1-8所示。

图1-8 美国陆军装甲旅战斗队的训练场景

装甲旅战斗队的主要任务是采用运动和火力方式接近敌人,以达到摧毁、俘获敌军的目的,或用火力、近战和反击方式击退敌军,以控制相关地域、人口和资源。装甲旅战斗队的编制包括旅部及旅部连、工兵营、侦察营、炮兵营、支援营各1个,以及3个合成营,如图1-9所示。

1. 旅部及旅部连

旅部及旅部连的任务是指挥、控制和监督本旅及其配属单位的行动。旅部及旅部连还提供相关行动人员,以满足指挥部的功能需求。

2. 旅工兵营

旅工兵营由营部及营部连、战斗工兵1连、战斗工兵2连、旅信号连、军事情报连和战术无人机排组成。

旅工兵营的营部负责指挥、控制和监督旅工兵营及其配属单位的战术行动。营部连为营参谋部门提供行政管理、信息管理和后勤保障,同时还向建制内单位及配属单位提供行政管理和医疗服务保障。

战斗工兵1连的主要任务是通过完成机动性、反机动性,以及一定的生存性和通用性工程任务来提高机动部队的作战效能。

战斗工兵2连的任务与战斗工兵1连相同。

旅信号连的任务是为所支援的旅战斗队提供用于作战指挥、控制、通信、计算机、情报、监视和侦察(C4ISR)的全天时信号系统网络,其中包括部署、安装、操作和维护这些系统。

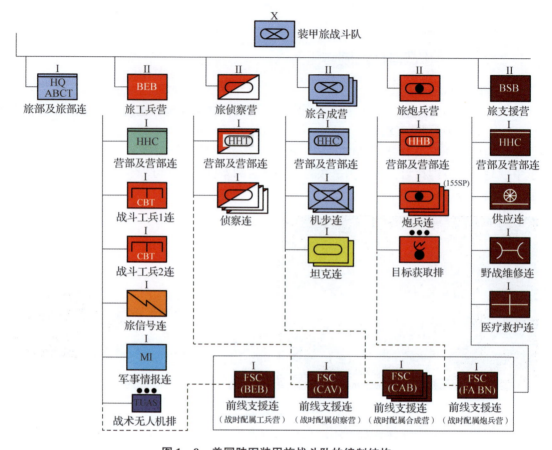

图 1-9 美国陆军装甲旅战斗队的编制结构

军事情报连主要为旅级战斗队的机动部队提供及时、相关、准确、同步的情报、监视和侦察（ISR）支持，并在分配的战场区域支援旅指挥官、参谋人员和下属人员，帮助其执行多个同时展开的决定性行动的规划、准备和执行工作。

战术无人机排的主要任务是提供航空图像情报支持。

3. 旅侦察营

旅侦察营由营部及营部连和3个侦察连组成。

旅侦察营的营部及营部连的任务是指挥、控制和监督侦察营及其配属单位的战术行动，为营参谋部门提供行政管理和后勤支援，同时还向建制内单位及配属单位提供行政管理和医疗服务保障。

侦察连的主要任务是为支援部队作战，执行准确、及时的地面侦察和监视任务，从而使指挥官能够在其选定的时间和地点准确地部署附属的地面部队或联合火力。

4. 旅合成营

旅合成营由营部及营部连、2个机步连和2个坦克连组成。

旅合成营的营部及营部连的任务是指挥、控制和监督机步营及其配属单位的战术行动，为营参谋部门提供行政管理和后勤支援，同时还向建制内单位及配属单位提供间瞄迫击炮火力支援，以及侦察、行政管理和医疗保障。

机步连的主要任务是与敌近距离接触，以火力和机动方式消灭或俘虏敌人，或以火力、近战、反冲击的方式击退敌人的进攻。

坦克连的主要任务是与敌近距离接触，以火力、机动、冲击方式消灭敌人，或以火力、反冲击的方式击退敌人的进攻。

5. 旅炮兵营

旅炮兵营主要由营部及营部连、3 个炮兵连和 1 个目标获取排组成；除此之外，还包括炮兵定位雷达分队、气象分队、测量分队、反火力作战分队和轻型反迫击炮雷达分队等。

旅炮兵营的营部及营部连的主要任务是对建制内及配属的野战炮兵部队进行指挥、控制和行政管理。

炮兵连的主要任务是用榴弹炮火力摧毁、消灭和压制敌人。每个炮兵连装备 6 门 M109A6 型 155 mm 自行式榴弹炮。

目标获取排主要为配属的野战炮兵目标获取分队提供队级指挥和控制。

炮兵定位雷达分队的任务是确定作战区域内敌方迫击炮的射击阵地。气象分队的任务是为野战炮兵的射击操作提供气象数据。测量分队的任务是为雷达和气象设备的精确定位和定向提供测量基准点和其他数据。反火力作战分队的任务是进行目标的数据计算与处理，并提供瞄准数据。轻型反迫击炮雷达分队的任务是确定作战区域内敌方迫击炮的射击阵地。

6. 旅支援营

旅支援营由营部及营部连、供应连、野战维修连、医疗救护连和 6 个前线支援连组成。

旅支援营的营部及营部连的任务是对旅支援营的所有建制内单位及配属单位进行指挥与控制、参谋规划和监督管理，以及伙食保障。

供应连的任务是为装甲旅战斗队提供运输保障和物资支援。

野战维修连的任务是为装甲旅支援营的所有车辆、地面支援装备、通信电子设备、特殊武器系统和有限的救援设备提供野战维修支援。

医疗救护连的任务是使用建制内的医疗救护排，为营级机动部队提供二级医疗保障。该连还可为旅支援区域内没有建制内医疗资源的单位提供一级和二级医疗服务。

在平时，前线支援连在旅支援营的统一组织下开展训练。在战时，6 个前线支援连分别配属给旅工兵营、旅侦察营、旅炮兵营和 3 个旅合成营，即每个营配属 1 个前线支援连。前线支援连的任务是为所配属的营提供野战维修、运输保障、物资供应等方面的支援保障。

1.3 武器装备及其配套弹药

弹药是实施战斗的重要工具，是毁伤目标的终极手段。如果将弹药装备的集合比作武器库的话，那么战斗就是根据任务变量从武器库中选取适宜的武器，运用一定的战术来实现目标的过程。

1.3.1 弹药装备体系构成

根据美国陆军为旅战斗队设定的主要任务，即"采用运动和火力方式接近敌人，以达到摧毁、俘获敌军的目的，或用火力、近战和反击方式击退敌军，以控制相关地域、人口和资源"，结合美国陆军定义的六大作战职能和旅战斗队现役弹药装备现状，可以按照作战职能将旅战斗队装备的弹药进行简要分类，如表 1-2 所示。

表 1-2　基于作战职能的美国陆军旅战斗队列装的弹药类型

作战职能	与弹药相关任务	美国陆军旅战斗队列装的弹药类型
指挥与控制	部队行动控制	各种信号弹
运动与机动	直瞄火力	枪械用弹、单兵/班组榴弹发射器用弹、反坦克导弹、车载火炮用弹、不占编制弹药
	反机动	各种地雷
	战场遮蔽	发烟弹
情报	战场侦察	无
火力	地对地火力（间瞄火力）	迫击炮弹、榴弹炮用炮弹、火箭弹（旅战斗队不装备）、战术导弹（旅战斗队不装备）
	空对地火力	无（旅战斗队的编制表内不含航空力量）
	地对空火力	无（旅战斗队的编制表内不含防空力量）
	电磁干扰	电磁干扰弹
保障	储存与供应	列装的所有弹种
防护	战场生存能力	网络化雷场
	爆炸危险品处置	未爆弹（敌我都有的）、简易爆炸装置（敌军的）、地雷（敌军的）

从表 1-2 中可以发现，基于作战职能，美国陆军旅战斗队列装的弹药主要与直瞄火力、间瞄火力、反机动任务相关。保障职能中的储存与供应任务，虽然涉及所有的弹种，但这与部队作战是否应该装备某型弹药毫不相干，因此这里就不讨论了。对于其他与弹药相关的任务，涉及的弹种类型单一，且在直瞄火力、间瞄火力和反机动任务中也会涉及，因此也不再单独阐述。另外，本书所涉及的弹药为狭义上弹药概念，并不包含地雷、爆破器材、防化危险品、毒剂、辐射源等"大弹药"概念中涉及的装备。因此，基于作战职能，旅战斗队列装的弹药类型就主要与直瞄火力和间瞄火力两项任务相关。

通过分析美国陆军旅战斗队的编制装备表及弹药相关手册等资料，与直瞄火力相关的弹药类型主要包括枪械用弹、单兵/班组榴弹发射器用弹、反坦克导弹、车载火炮用弹、不占编制弹药等；与间瞄火力相关的弹药类型主要包括迫击炮弹、榴弹炮用炮弹等。进而根据我国"轻、压、反、高"的弹药分类习惯，并为了便于分类讨论，可将美国陆军旅战斗队的弹药装备体系划分为轻武器及其配套弹药、压制武器及其配套弹药、反坦克武器及其配套弹药、车载武器及其配套弹药四大部分，如图 1-10 所示。需要注意的是，美国陆军旅战斗队的建制内不含防空力量，因此它并未装备高射炮、防空系统等配用的弹药，虽然有些车载火炮也兼具一定的对空射击能力。

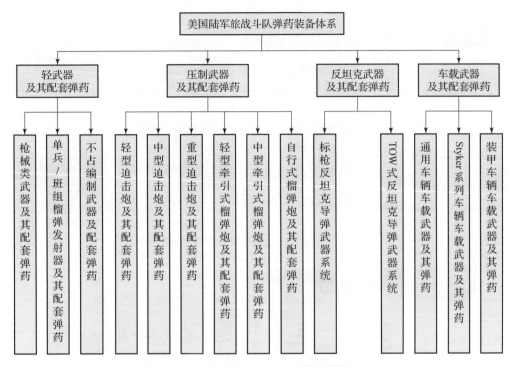

图 1-10　美国陆军旅战斗队弹药装备体系

1.3.2　武器装备及其配套弹药

根据美国陆军旅战斗队弹药装备体系构成，下面对轻武器及其配套弹药、压制武器及其配套弹药、反坦克武器及其配套弹药、车载武器及其配套弹药分别进行介绍。

1. 轻武器及其配套弹药

轻武器通常指枪械及其他各种由单兵或班组携行战斗的武器。轻武器的特点就是重量轻，便于单兵或班组携带。在美国陆军旅战斗队的编制装备表中，轻武器是一种广泛列装的武器装备，本书将其分为枪械类武器、单兵/班组榴弹发射武器和不占编制武器三类。

(1) 枪械类武器及其配套弹药。美国陆军旅战斗队现役装备的枪械类武器主要包括 M9 型 9 mm 自动手枪、M4 型 5.56 mm 突击步枪、M249 型 5.56 mm 班用机枪、M240 型 7.62 mm 通用机枪、M2 型 12.7 mm 机枪、M110 型 7.62 mm 半自动狙击枪、M107 型 12.7 mm 狙击枪、M26 型霰弹枪等，如图 1-11 所示。除 M26 型霰弹枪外，枪械类武器的配套弹药主要包括普通弹（即铅芯弹）、穿甲弹（钢芯或钨芯）、曳光弹、燃烧弹、空包弹，以及其他具有两种或两种以上性能的弹药，如穿甲燃烧弹、穿甲燃烧曳光弹等。M26 型霰弹枪主要装备铅弹、破门弹、镖弹等。

(2) 单兵/班组榴弹发射武器及其配套弹药。美国陆军旅战斗队现役装备的单兵/班组榴弹发射武器主要包括 M320 型 40 mm 榴弹发射器和 Mk19 型 40 mm 自动榴弹发射器，如图 1-12 所示。单兵/班组榴弹发射武器的配套弹药主要包括杀爆破甲双用途榴弹、目标训练弹、各种照明弹、非致命弹药、教练弹、镖弹等。

　　M9型9 mm自动手枪　　M4型5.56 mm突击步枪　　M249型5.56 mm班用机枪　M240型7.62 mm通用机枪

　　M2型12.7 mm机枪　　M110型7.62 mm半自动狙击枪　M107型12.7 mm狙击枪　　M26型霰弹枪

图1-11　美国陆军旅战斗队现役装备的枪械类武器

　　M320型40 mm榴弹发射器　　　　Mk19型40 mm自动榴弹发射器

图1-12　美国陆军旅战斗队现役装备的单兵/班组榴弹发射武器

（3）不占编制武器及配套弹药。美国陆军旅战斗队现役装备的不占编制武器及配套弹药主要包括各种型号的手榴弹和各种肩射武器。美国陆军旅战斗队现役装备的各种型号手榴弹如图1-13所示。

图1-13　美国陆军旅战斗队现役装备的各种型号手榴弹

美国陆军旅战斗队现役装备的肩射武器包括 M72 系列轻型反坦克武器（M72 – Series Light Anti – Armor Weapons，简称 M72 LAW）、M136 AT4 型反坦克武器、M141 型攻坚弹药（Bunker Defeat Munition，简称 BDM）和 M3 型多用途武器系统（M3 Multi – Role, Anti – Armor Anti – Personnel Weapon System，简称 M3 MAAWS），如图 1 – 14 所示。

M72系列轻型反坦克武器

M136 AT4型反坦克武器

M141型攻坚弹药

M3型多用途武器系统

图 1 – 14　美国陆军旅战斗队现役装备的肩射武器

2. 压制武器及其配套弹药

压制武器通常是指主要用于对敌压制的各种火炮。压制武器的特点为射击距离远，火力密度大，能够全天候运用，适合对面目标进行打击。在美国陆军旅战斗队的编制装备表中，压制武器主要装备给步兵的营/连和旅属炮兵营。根据列装部队的不同，本书将其分为轻型迫击炮、中型迫击炮、重型迫击炮、轻型牵引式榴弹炮、中型牵引式榴弹炮和自行式榴弹炮六类。

（1）轻型迫击炮及其配套弹药。美国陆军旅战斗队现役装备的轻型迫击炮主要是 M224 型 60 mm 迫击炮，如图 1 – 15 所示。该型迫击炮的配套弹药主要包括杀爆弹、照明弹（可见光）、红外照明弹、发烟弹、全射程目标训练弹、短射程目标训练弹等。

图 1 – 15　美国陆军旅战斗队现役装备的 M224 型 60 mm 迫击炮

(2) 中型迫击炮及其配套弹药。美国陆军旅战斗队现役装备的中型迫击炮主要是 M252 型 81 mm 迫击炮，如图 1-16 所示。该型迫击炮的配套弹药主要包括杀爆弹、红外照明弹、发烟弹、全射程目标训练弹、短射程目标训练弹等。

图 1-16　美国陆军旅战斗队现役装备的 M252 型 81 mm 迫击炮

(3) 重型迫击炮及其配套弹药。美国陆军旅战斗队现役装备的重型迫击炮有三种形式，分别是拖曳式 120 mm 迫击炮、车载式 120 mm 迫击炮和自行式 120 mm 迫击炮，如图 1-17 所示。这三种形式的迫击炮武器系统所配用的弹药能够相互兼容，配套弹种主要包括杀爆弹、照明弹、红外照明弹、发烟弹、目标训练弹、精确制导迫弹等。

拖曳式 120 mm 迫击炮

车载式 120 mm 迫击炮

自行式 120 mm 迫击炮

图 1-17　美国陆军旅战斗队现役装备的三种形式的 120 mm 迫击炮

(4) 轻型牵引式榴弹炮及其配套弹药。美国陆军旅战斗队现役装备的轻型牵引式榴弹炮主要是 M119 型 105 mm 榴弹炮，如图 1-18 所示。该型榴弹炮的配套弹药主要包括杀爆弹、发烟弹、照明弹、火箭增程弹、子母弹等。

图 1-18　美国陆军旅战斗队现役装备的 M119 型 105 mm 榴弹炮

(5) 中型牵引式榴弹炮及其配套弹药。美国陆军旅战斗队现役装备的中型牵引式榴弹炮主要是 M777 型 155 mm 榴弹炮，如图 1-19 所示。该型榴弹炮的配套弹药主要包括杀爆弹、发烟弹、照明弹、火箭增程弹、子母弹、区域拒止弹、末制导炮弹、末敏弹、卫星制导炮弹等。

图 1-19　美国陆军旅战斗队现役装备的 M777 型 155 mm 榴弹炮

(6) 自行式榴弹炮及其配套弹药。美国陆军旅战斗队现役装备的自行式榴弹炮主要是 M109 型 155 mm 榴弹炮，如图 1-20 所示。该型榴弹炮的配套弹药主要包括杀爆弹、发烟弹、照明弹、火箭增程弹、子母弹等。

图 1-20　美国陆军旅战斗队现役装备的 M109 型 155 mm 自行榴弹炮

3. 反坦克武器及其配套弹药

虽然能够用于打击坦克的武器在广义上都可称为反坦克武器，例如单兵火箭筒、无坐力炮、大口径枪械、各种火炮等，但此处所说的反坦克武器主要指反坦克导弹武器系统。在美国陆军旅战斗队的编制装备表中，反坦克导弹武器系统是一类广泛装备的武器，例如战斗工兵连、步兵营属侦察班、步兵连的武器班都装备有该类武器。具体而言，美国陆军旅战斗队主要装备标枪反坦克导弹武器系统和 TOW 式反坦克导弹武器系统两种。

（1）标枪反坦克导弹武器系统。标枪反坦克导弹武器系统是美国研制的一种便携式反坦克导弹系统，1989 年 6 月开始研制，1996 年正式列装，如图 1 – 21 所示。该导弹采用红外成像自寻的制导方式，是一种实现全自动导引的新型反坦克导弹，具有全天时作战和发射后不用管的能力。该武器系统具有顶部攻击和直接攻击两种模式，导弹采用的两级串联成型战斗部可有效毁伤各国现役的所有主战坦克。

图 1 – 21　美国陆军旅战斗队现役装备的标枪反坦克导弹武器系统

（2）TOW 式反坦克导弹武器系统。TOW 式反坦克导弹武器系统属于典型的第二代反坦克导弹，其英文名称为"Tube – launched, Optically – tracked, Wire – guided Missile System"，即采用管式发射（Tube – launched）、光学追踪（Optically – tracked）、线控导引（Wire – guided）的导弹系统。该导弹系统既可以采用便携式，也可以在各种机动平台上安装，如图 1 – 22 所示。该武器系统配备多种型号的导弹，如 BGM – 71A、BGM – 71B、BGM – 71C（ITOW）、BGM – 71D（TOW 2）、BGM – 71E（TOW 2A）、BGM – 71F（TOW 2B）、BGM – 71H、TOW 2B Aero 等。

4. 车载武器及其配套弹药

车载武器通常是指在通用或专用车辆上安装或装备的武器系统。车载武器可以使部队在拥有高机动性的同时，具备一定的火力打击能力。根据美军装备情况和车辆平台类型，本书将其分为通用车辆车载武器、Stryker 系列车辆车载武器和装甲车辆车载武器三大类。

（1）通用车辆车载武器及其配套弹药。在美国陆军的编制装备中有大量的通用车辆，为了提高这些车辆的自我防护和火力支援能力，在进行车辆设计和制造时通常留有武器安装接口，便于以后按需配备相应的车载武器。美国陆军旅战斗队现役装备的部分通用车辆如图 1 – 23 所示。在这些通用车辆上，美国陆军通常安装的武器为 M2 型重机枪和 Mk19 型榴弹发射器，另外也有安装 M240 型通用机枪或 M249 型班用机枪的。与之对应，通用车辆车载武器的配套弹药就是与之相关的各种型号弹药。

图 1-22 美国陆军旅战斗队现役装备的四种形式的 TOW 式反坦克导弹武器系统

图 1-23 美国陆军旅战斗队现役装备的部分通用车辆

（2）Stryker 系列车辆车载武器及其配套相关弹药。美军认为，应对世界各地不同强度的局部武装冲突是美国陆军未来的主要作战行动，为此应建立一支能够快速介入、快速抵达、快速展开的高度资讯科技化的地面轻型装甲部队。在这种理念的推动下，美军建立了 Stryker 旅战斗队，其主要作战平台就是 Stryker 系列车辆。在 Stryker 系列车族中，各种不同型号车辆上的车载武器略有不同。除突击炮、迫击炮车和反坦克导弹发射车外，一般采用重机枪或自动榴弹发射器作为主要车载武器，因此配套的就是相对应的各型弹药。对于 M1128 型突击炮，它的主要车载武器是一门 105 mm 的线膛炮，该炮配用的弹种有穿甲弹、杀爆弹和霰弹等。对于 M1129 型迫击炮车，它装备一门 120 mm 低后坐力迫击炮，该炮配用的弹药与美军装备的其他 120 mm 迫击炮兼容。对于 M1134 型反坦克导弹发射车，它的主要车载武器是 TOW 式反坦克导弹武器系统，该系统可发射所有型号的 TOW 式导弹。M1128 型突击炮、M1129 型迫击炮车和 M1134 型反坦克导弹发射车，如图 1-24 所示。

　　　　M1128型突击炮　　　　　　M1129型迫击炮车　　　　　M1134型反坦克导弹发射车

图 1-24　美国陆军旅战斗队现役装备的三型 Stryker 系列车辆

（3）装甲车辆车载武器及其配套弹药。美国陆军旅战斗队现役装备的装甲战斗车辆主要包括 M1 型主战坦克、M2 型步兵战车和 M3 型骑兵战车，如图 1-25 所示。其中，M1 型主战坦克的主要车载武器是一门 120 mm 滑膛炮，其配套弹种包括穿甲弹、破甲弹、多用途弹等。除 TOW 式导弹外，M2 型步兵战车和 M3 型骑兵战车的主要车载武器都是一门 25 mm 线膛炮，该火炮的配套弹种包括穿甲弹、目标训练弹、杀爆弹等。

　　　　M1型主战坦克　　　　　　M2型步兵战车　　　　　　　M3型骑兵战车

图 1-25　美国陆军旅战斗队现役装备的装甲战斗车辆

第 2 章
枪械类武器及其配套弹药

枪械是军队大量装备的一种武器,包括手枪、步枪、机枪、狙击枪、霰弹枪等多种类型。枪械是利用火药燃气的能量发射子弹,主要用于杀伤暴露的有生力量,以及毁伤轻型装甲或技术兵器等目标。美国陆军旅战斗队装备有多种型号的枪械,每型枪械通常又配用多种型号的弹药,下面分别对其进行阐述。

2.1　M9 型 9 mm 手枪及其配套弹药

美国陆军旅战斗队的制式手枪是 M9 型 9 mm 手枪,主要装备给指挥员、车组成员、狙击手等,以满足单兵自我防卫的需求。

2.1.1　M9 型 9 mm 手枪

M9 型手枪是一种 9 mm 口径的半自动手枪,采用短行程后坐作用原理,其标准弹匣容量为 15 发。2003 年,美国军方推出 M9 的改进型,称为 M9A1 型,主要加装了皮卡汀尼导轨,以安装战术灯、激光指示器及其他附件。M9 型手枪及美国陆军士兵使用该型手枪射击时的场景如图 2 - 1 所示。

图 2 - 1　M9 型手枪及美国陆军士兵使用该型手枪射击时的场景

M9 型手枪于 1985 年装备美军,并服役至今,该手枪的重要参数如表 2 - 1 所示。

表 2 - 1　M9 型手枪的重要参数

全重（不含弹药）	全长	枪管长	弹药尺寸	枪口速度	有效射程	最大射程	标准弹匣容量
970 g	217 mm	125 mm	9 × 19 mm	381 m/s	50 m	100 m	15 发

2.1.2 配套弹药

M9 型手枪采用 9×19 mm 弹药,美军为其配备的枪弹包括 M882 型枪弹(带沟槽)、M882 型枪弹(不带沟槽)、M917 型教练弹等,如图 2-2 所示。

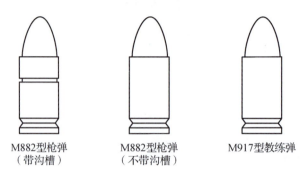

图 2-2　M9 型手枪配套枪弹

M882 型枪弹符合北约 STANAG 4090 标准,它由黄铜药筒、铜合金被甲包覆的铅芯弹丸、底火和双基发射药组成。该枪弹重 11.6 g,全长 29.591 mm,弹丸长 15.494 mm,如图 2-3 所示。

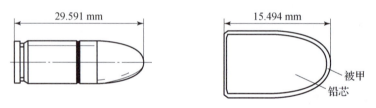

图 2-3　M882 型枪弹的尺寸

在 M882 型枪弹药筒的底部印有制造商和生产年份的标记,如 WCC 88 表示该枪弹是由西方弹药公司(Western Cartridge Company, Olin's Winchester – Western Ammunition Division)在 1988 年生产的,又如 FC 86 表示该枪弹是由联邦弹药公司(Federal Cartridge Company)在 1986 年生产的。该型枪弹药筒底部的"⊕"标识,表示枪弹符合北约标准。美军在 2005 财年的采购单价为 0.18 美元。M9 型手枪配套枪弹的包装形式如图 2-4 所示。

图 2-4　M9 型手枪配套枪弹的包装形式

2.2 M4型5.56 mm突击步枪及其配套弹药

M4型突击步枪又称为M4型卡宾枪,是由美国柯尔特公司研发的一种小口径自动枪械。该型步枪自1994年开始装备美国军队,现已被美国部队广泛使用,并在很大程度上取代了美国陆军和海军陆战队装备的M16系列步枪,成为步兵的主要武器。

2.2.1 M4型5.56 mm突击步枪

M4型步枪是比M16A2型步枪更短、更轻的突击步枪,它采用北约标准的5.56×45 mm枪弹,以及弹匣供弹方式。它的枪管长368 mm,枪托可伸缩。M4型步枪能够安装M203型或M320型榴弹发射器。M4型有半自动和三连射两种射击模式,类似于M16A2型M16A4型;而M4A1型有半自动和全自动两种射击模式,类似于M16A1型和M16A3型,如图2-5所示。

图2-5 M4A1型5.56 mm突击步枪

M4型突击步枪从1984年开始设计,1993年设计完成,于1994年装备美军,并服役至今。该步枪采用5.56×45 mm北约标准枪弹,采用M855A1型枪弹时枪口速度为910 m/s。M4型突击步枪的重要参数如表2-2所示。

表2-2 M4型突击步枪的重要参数

空枪重	枪重(含30发弹)	枪长度	枪管长度	有效射程	标准弹匣容量	射速	平均单价
3.01 kg	3.52 kg	838 mm	368 mm	500 m	30发	700~950发/min	700美元

2.2.2 配套弹药

M4系列步枪配套多种型号的5.56×45 mm北约标准枪弹,这种尺寸的枪弹也可用于M16系列步枪、M231型车载自动步枪和M249型班用机枪。

1. M193型5.56×45 mm普通弹

M193型5.56×45 mm弹药为普通枪弹,其弹尖没有标识色,如图2-6所示。为了减轻重量,5.56×45 mm弹药在1957年首次以实验用军用弹药的身份出现。

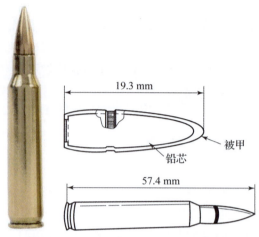

图 2-6 M193 型 5.56×45 mm 普通弹

1964 年，美国陆军正式采用 M193 型 5.56 mm 普通弹。实战表明，该型枪弹在丛林作战和近距离火力支援时非常有效。在 20 世纪 60 年代早期，该型枪弹在越南战争中第一次得到实战测试。M193 型普通弹的重要参数如表 2-3 所示。

表 2-3 M193 型普通弹的重要参数

项目	枪弹长	枪弹重	弹丸	弹壳材料	初速	膛压	精度	使用温度
参数	57.4 mm	11.79 g	3.63 g	黄铜	965±12 m/s	380 MPa	5.1 cm	-54℃~52℃
备注	—	—	铅芯弹	260 号铜合金	21℃±2℃时	21℃时	182 m 处	—

2. M855 型 5.56×45 mm 穿甲弹

M855 型 5.56×45 mm 弹药为穿甲弹，其弹尖标识色为绿色，如图 2-7 所示。

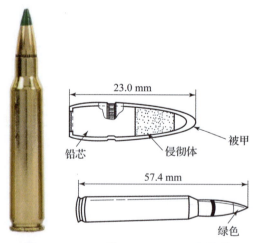

图 2-7 M855 型 5.56×45 mm 穿甲弹

该型枪弹于 1980 年被北约采用，它在 M193 型枪弹的基础上，通过装配钢质弹芯增大了弹丸的侵彻能力和重量，同时提高了弹丸的存速能力和远距离的射击精度。M855 型穿甲弹的重要参数如表 2-4 所示。

表 2-4 M855 型穿甲弹的重要参数

项目	枪弹长	枪弹重	弹丸	弹壳材料	初速	膛压	精度	精度	使用温度
参数	57.4 mm	12.31 g	4 g	黄铜	920 ± 12 m/s	405 MPa	4.6 cm	17.3 cm	-54℃ ~ 52℃
备注	—	—	钢质侵彻体 + 铅芯	260 号铜合金	21℃ ± 2℃时	21℃时	182 m 处	548 m 处	

2016 年 10 月 23 日，在美国密西西比州的谢尔比营地（Camp Shelby），美军第 1 特种作战安全部队的士兵进行轻武器射击的场景如图 2-8 所示。训练过程中，他们使用 M4 突击步枪发射了大量的 M855 型枪弹。

图 2-8 美军使用 M855 型穿甲弹进行射击训练

3. M855A1 型 5.56×45 mm 穿甲弹

M855A1 型 5.56×45 mm 穿甲弹是一种针对当今作战和训练环境而研发的增强型弹药，配套于 M4 系列步枪和 M249 型班用机枪。与 M855 型枪弹采用的铅质弹芯不同，M855A1 型枪弹采用铜质被甲、钢质弹尖和铜质弹芯，如图 2-9 所示。该型枪弹的钢质弹尖经过防锈处理呈现青铜色，而没有涂用于弹种识别的标识色。这种所谓的"绿色弹药"（不含重金属铅）不仅增加了对装甲和硬目标的穿透力，而且使陆军在靶场和训练环境中更加环保。

作为 M855 型枪弹的替代型号，M855A1 型枪弹更加适应采用较短枪管的 M4 系列步枪。该型枪弹的发射药燃速更快，能够获得更高的膛压，并能够有效降低枪口焰。

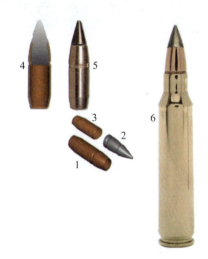

图 2-9 M855A1 型 5.56×45 mm
穿甲弹及其弹丸结构
1—铜质被甲；2—钢质弹尖；
3—铜质弹芯；4—弹丸剖面；
5—弹丸实体；6—全弹

4. M856 型 5.56×45 mm 曳光弹

M856 型 5.56×45 mm 弹药为曳光弹,其弹尖标识色为橙色,如图 2-10 所示。该型枪弹的弹丸尾部装有曳光剂,发射时在 70~900 m 的距离上能够目视观察到它的飞行轨迹。

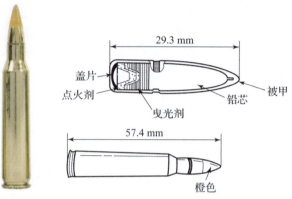

图 2-10　M856 型 5.56×45 mm 曳光弹

在进行夜间射击时,使用曳光弹能够使射手知道命中的位置,便于调整射击方向。夜间使用曳光弹射击时的场景如图 2-11 所示。

图 2-11　夜间使用曳光弹射击时的场景

M856 型曳光弹能够有效杀伤敌方人员等软目标,其重要参数如表 2-5 所示。

表 2-5　M856 型曳光弹的重要参数

项目	枪弹长	枪弹重	弹丸	弹壳材料	初速	膛压	精度	使用温度
参数	57.4 mm	12.25 g	3.9 g	黄铜	917±12 m/s	405 MPa	26.2 cm	-54℃~52℃
备注	—	—	铅芯	260 号铜合金	21℃±2℃时	21℃时	548 m 处	—

5. M995 型 5.56×45 mm 穿甲弹

M995 型 5.56×45 mm 弹药为穿甲弹,其弹尖标识色为黑色,可用于 M4 系列步枪、M16 系列步枪和 M249 型班用机枪,如图 2-12 所示。该型枪弹是为了提高 M855 型 5.56 mm 枪弹的侵彻能力而设计研制的。该项目于 1992 年启动,是战士增强计划(Soldier Enhancement Program,简称 SEP)的一部分,旨在增强单兵对抗装甲车辆的能力。该型弹药采用钨质弹芯,在 100 m 距离上能够穿透 12 mm 的 RHA 装甲。

图 2 – 12　M995 型 5.56×45 mm 穿甲弹

6. M200 型 5.56×45 mm 空包弹

M200 型 5.56×45 mm 弹药为空包弹，其弹尖有玫瑰形褶皱收口，并涂有紫漆作为标识色，如图 2 – 13 所示。

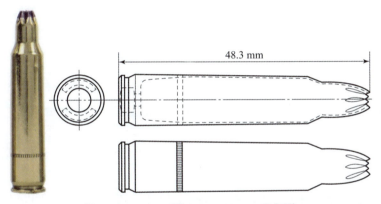

图 2 – 13　M200 型 5.56×45 mm 空包弹

该型枪弹主要用于训练和演习活动，是专门为 M4 系列步枪、M16 系列步枪和 M249 型机枪设计的，其重要参数如表 2 – 6 所示。

表 2 – 6　M200 型空包弹的重要参数

项目	枪弹长	枪弹重	弹丸	弹壳材料	使用温度
参数	48.3 mm	7 g	无	黄铜	−32℃ ~ 52℃
备注	—	—	—	260 号铜合金	—

7. M199 型 5.56×45 mm 教练弹

M199 型 5.56×45 mm 枪弹为训练用弹，主要用于非实弹射击的训练过程。该型枪弹的典型特征是从弹壳口部 1/2 in①处开始，沿弹壳侧面压有六个凹槽，如图 2 – 14 所示。该型枪弹的弹壳内没有发射药，弹底也没有安装底火，以避免在训练时将枪械的撞针损坏。

---

① 1 in = 25.4 mm。

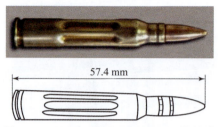

图 2-14　M199 型 5.56×45 mm 教练弹

8. M197 型 5.56×45 mm 高压测试弹

M197 型 5.56×45 mm 弹药为高压测试弹，采用镀镍外壳，弹尖没有标识色，如图 2-15 所示。

图 2-15　M197 型 5.56×45 mm 高压测试弹

该型枪弹不是用来训练和作战的，而是用于测试 5.56×45 mm 枪管强度的，因其可产生 70 000 psi[①] 的平均膛压。M197 型高压测试弹的重要参数如表 2-7 所示。

表 2-7　M197 型高压测试弹的重要参数

项目	枪弹长	枪弹重	弹丸	弹壳材料	膛压
参数	57.4 mm	11.275 g	3.63 g	镀镍	483±21 MPa
备注	—	—	铅芯	260 号铜合金	21℃时

2.3　M249 型 5.56 mm 班用机枪及其配套弹药

M249 型 5.56 mm 机枪是一种班用机枪，于 20 世纪 70 年代晚期装备美军部队，主要配备给美国陆军的步兵班。每个标准的 9 人制步兵班共装备 2 挺该型机枪。

2.3.1　M249 型 5.56 mm 班用机枪

M249 型 5.56 mm 班用机枪是一种轻型自动武器，它可以进行抵肩射击、腋下射击或依托两脚架射击。该型机枪能够提供中等规模的连续射击能力，适合用于进攻作战，能够在 1 000 m 范围内提供大量密集火力。该型机械有两种长度的枪管可供选择，较短的枪管更便于执行近距离作战任务。选用短枪管和长枪管的 M249 型班用机枪如图 2-16 所示。通常，该枪配备两个枪管组件，以延长枪管的使用寿命，保持射击精度，并允许长时间进行连续射击。

采用 465 mm 枪管时，该型机枪对点目标的有效射程为 700 m；采用 521 mm 枪管时，对点目标的有效射程为 800 m。M249 型 5.56 mm 班用机枪对面目标的有效射程为 1 000 m。M249 型班用机枪的重要参数如表 2-8 所示。

---

① 1 psi = 0.006 89 MPa。

图 2-16　选用短枪管和长枪管的 M249 型班用机枪

表 2-8　M249 型班用机枪的重要参数

空重	全重（含弹药）	全长	枪管长	最大射速	标准弹匣容量（链式供弹）	单价
7.5 kg	10 kg	1 035 mm	465/521 mm	750 发/min	200 发	4 087 美元

M249 型班用机枪标准配备的弹匣内能够装填 200 发的弹链，但作为一种战场应急手段，M249 型机枪也可以使用 M4 型步枪的 30 发标准弹匣。在实战中，该型机枪通常采用三种射击方式，即短点射、长点射和连射，各种射击方式的重要参数如表 2-9 所示。

表 2-9　不同射击方式下 M249 型班用机枪的重要参数

射击方式	射击速度	连发弹药数	射击间隔时间	更换枪管时间
短点射	100 发/min	6～9 发	4～5 s	10 min
长点射	200 发/min	6～9 发	2～3 s	2 min
连射	650～850 发/min	—	无	1 min

2019 年 7 月 20 日，美军士兵在加州的罗伯茨营地（Camp Roberts）使用 M249 型班用机枪射击的场景如图 2-17 所示。

图 2-17　美军士兵使用 M249 型班用机枪射击的场景

2.3.2　配套弹药

M249 型班用机枪通常采用弹链供弹方式，配套 M855 型穿甲弹和 M856 型曳光弹的 4∶1

混合方式的弹链（如图2-18所示），或配套 M995 型穿甲弹和 M856 型曳光弹的 4∶1 混合方式的弹链。M249 型班用机枪的弹药基数为 1 000 发。

图 2-18　M249 型班用机枪的配套弹链

M249 型班用机枪还能够发射 M193 型 5.56 mm 普通弹，但是命中精度会有所下降，因此在没有 M855 型、M856 型、M995 型枪弹的情况下才被应急使用。

2.4　M240 型 7.62 mm 通用机枪及其配套弹药

M240 型 7.62 mm 通用机枪是美军地面部队执行进攻和防御作战任务时的重要直瞄火力支援武器。在美国陆军步兵连所属步兵排的 9 人制武器班中有两个通用机枪组，每个组装备 1 挺 M240 型机枪。

2.4.1　M240 型 7.62 mm 通用机枪

M240 型 7.62 mm 通用机枪有多个衍生型号，其中 M240B 型 7.62 mm 通用机枪广泛装备于美国陆军部队，如图 2-19 所示。该型机枪的口径是 7.62 mm，可以配备两脚架或三脚架，也可以安装在直升机和车辆上。该型机枪采用链式供弹方式，配套的标准弹链的弹药数量为 100 发，因此能够提供连续的压制火力。枪弹发射时，依靠火药燃气的能量驱动下一发枪弹上膛。因此，只要弹药充足，扣下扳机就能持续进行射击。

图 2-19　M240B 型 7.62 mm 通用机枪

为了延长枪管的使用寿命，保持射击精度，允许长时间连续射击，该型机枪配备了备用枪管，而且枪管的更换非常方便。该型机枪的枪管内壁采用镀铬工艺，能够将枪管的磨损降到最低，提高了枪管的寿命。美军士兵使用 M240B 型通用机枪进行射击训练的场景如图 2-20 所示，图中放置于地面上的是备用枪管。

图 2-20　美军士兵使用 M240B 型机枪进行射击训练的场景

M240B 型通用机枪的长度为 49 in，重量为 27.6 lb[①]，其重量大且较长，因此不便于单兵携带实施突击作战。在实战中，该型机枪主要用途是直瞄火力支援。M240B 型通用机枪的重要参数如表 2-10 所示。

表 2-10　M240B 型通用机枪的重要参数

三脚架		最大射程	有效射程（面目标）		有效射程（点目标）		目标压制
型号	质量		三脚架	两脚架	三脚架	两脚架	
M122A1 型	20 lb	3 725 m	1 100 m	800 m	800 m	600 m	1 800 m

在实战中，M240B 型通用机枪可采用短点射、长点射、连射或以上三种射击方式的组合。在不同的射击方式下，具有不同的枪管更换时间，如表 2-11 所示。在美国陆军中，三人机枪班组的弹药携行量为 900~1 200 发。

表 2-11　不同射击方式下 M240B 型通用机枪的重要参数

射击方式	射击速度	连发弹药数	射击间隔时间	更换枪管时间
短点射	100 发/min	6~9 发	4~5 s	10 min
长点射	200 发/min	10~13 发	2~3 s	2 min
连射	650~950 发/min	—	—	1 min

2.4.2　配套弹药

M240 型通用机枪配套 7.62×51 mm 的枪弹，弹种包括普通弹、曳光弹、红外曳光弹、穿甲弹、空包弹等。在实战中，通常使用普通弹（或穿甲弹）和曳光弹的 4∶1 混合方式，即每 4 发普通弹（或穿甲弹）穿插 1 发曳光弹，以满足连续射击时弹道指示的需求。美军士兵使用 M240 型通用机枪射击时的场景如图 2-21 所示。

---

① 1 lb = 454 g。

图 2-21　美军士兵使用 M240 型通用机枪射击时的场景

1. M80 型 7.62×51 mm 普通弹

M80 型 7.62×51 mm 弹药为普通弹，可配用于 M240 型通用机枪，其弹丸头部没有涂标识色，如图 2-22 所示。

图 2-22　M80 型 7.62×51 mm 普通弹

M80 型普通弹采用铅芯弹丸，其侵彻能力较弱，在 300 m 和 500 m 距离上的装甲侵彻能力分别为 4 mm 和 3 mm。因此，该型枪弹主要用于杀伤敌方人员和非装甲目标。M80 型普通弹的重要参数如表 2-12 所示。

表 2-12　M80 型普通弹的重要参数

项目	枪弹长	枪弹重	弹丸	弹壳材料	初速	膛压	精度	使用温度
参数	71.12 mm	31 g	9.66 g	黄铜	838±9 m/s	393 MPa	19.05 cm	-54℃~52℃
备注	—	—	铅芯	260 号铜合金	21℃±2℃时	21℃时	548 m 处	—

M80 型普通弹的典型包装形式如图 2-23 所示，在每个铁质包装箱内装有 2 个纸质包装盒，每个包装盒内装 100 发枪弹，枪弹采用 M13 型弹链连接在一起。因此，每个铁质包装箱内共有 200 发 M80 型普通弹。

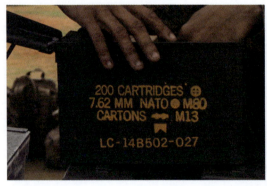

图 2-23　M80 型普通弹的包装形式

2. M62 型 7.62×51 mm 曳光弹

M62 型 7.62×51 mm 弹药为曳光弹,可配套于 M240 型通用机枪,其弹尖标识色为橙色,如图 2-24 所示。该型枪弹的弹丸尾部装有曳光剂,发射时在 90~775 m 的距离内能够目视观察到它的飞行轨迹。

图 2-24　M62 型 7.62×51 mm 曳光弹

M62 型曳光弹采用铅芯弹丸,它的侵彻能力较弱,主要用于杀伤敌方人员等软目标。M62 型曳光弹的重要参数如表 2-13 所示。

表 2-13　M62 型曳光弹的重要参数

项目	枪弹长	枪弹重	弹丸	弹壳材料	初速	膛压	精度	使用温度
参数	71.12 mm	24.82 g	9.46 g	黄铜	814±9 m/s	393 MPa	38.1 cm	-54℃~52℃
备注	—	—	铅芯+曳光剂	260 号铜合金	21℃±2℃时	21℃时	548 m 处	—

3. M276 型 7.62×51 mm 红外曳光弹

M276 型 7.62×51 mm 弹药为红外曳光弹,可配用于 M240 型通用机枪,其弹尖标识色为淡紫色,如图 2-25 所示。该型枪弹的弹丸尾部装有红外曳光剂,使用夜视设备可以观察的示踪距离超过 775 m。该型枪弹可有效降低敌方定位己方武器发射位置的能力,在训练和作战时一般与夜视设备配合使用。

图 2-25　M276 型 7.62×51（mm）红外曳光弹

M276 型红外曳光弹采用铅芯弹丸,它的侵彻能力较弱,主要用于杀伤敌方人员和非装甲目标。M276 型红外曳光弹的重要参数如表 2-14 所示。

表 2-14　M276 型红外曳光弹的重要参数

项目	枪弹长	枪弹重	弹丸	弹壳材料	初速	膛压	精度	使用温度
参数	71.12 mm	24.69 g	9.62 g	黄铜	814±9 m/s	393 MPa	38.1 cm	-54℃~52℃
备注	—	—	铅芯+红外曳光剂	260 号铜合金	21℃±2℃时	21℃时	548 m 处	—

相比普通曳光弹,在实战中红外曳光弹具有非对称优势。普通曳光弹与红外曳光弹射击时,裸眼的观察效果对比如图 2-26 所示。从图中可以看出,普通曳光弹对于裸眼观察为可见,而红外曳光弹不能被裸眼看到,这样就可以避免未装备夜视设备的敌人发现己方的射击阵地。

普通曳光弹　　　　　　　　　　　　　　红外曳光弹

图 2-26　不同曳光弹射击时裸眼的观察效果对比

在朝鲜战争中，受中国志愿军猛烈夜间攻势的压迫，美军患上了夜间恐惧症，因此在战后大力发展了夜视技术。目前，美军已成建制地装备了大量夜视器材。然而，在夜视器材的观察下，发射普通曳光弹会产生很强的光晕干扰，使得射手难以清晰地观察射击场景，如图 2-27 所示。

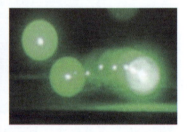

图 2-27　普通曳光弹射击时夜视仪的观察效果

因此，需要对普通曳光弹进行改进，于是研制产生了红外曳光弹。用红外曳光弹射击时夜视仪的观察效果如图 2-28 所示。从图中可以发现，红外曳光弹的射击几乎不会对夜视仪的观察产生任何不利效果。

图 2-28　用红外曳光弹射击时夜视仪的观察效果

4. M993 型 7.62×51 mm 穿甲弹

M993 型 7.62×51 mm 弹药为穿甲弹，可配套于 M240 型通用机枪，其弹尖标识色为黑色，如图 2-29 所示。该型枪弹是于 1992 年作为美军士兵增强项目的一部分而开始研制开发的，目的是增强士兵的反轻型装甲的能力。M993 型枪弹采用钨质弹芯，具有很强的穿甲能力，能够在 500 m 距离上穿透 7 mm 的高硬度装甲（High Hardness Armor，简称 HHA）。M993 型枪弹也可用于 M24 型狙击步枪。

图 2-29　M993 型 7.62×51 mm 穿甲弹

5. M82 型 7.62×51 mm 空包弹

M82 型 7.62×51 mm 弹药为空包弹，可配套于 M240 型通用机枪，其弹尖有玫瑰形褶皱收口，并涂有紫漆作为标识色，如图 2-30 所示。

图 2-30　M82 型 7.62×51 mm 空包弹

M82 型空包弹主要用于训练和演习活动，配用 M240、M240B、M14 等枪械，其重要参数如表 2-15 所示。

表 2-15　M82 型空包弹的重要参数

项目	枪弹长	枪弹重	弹丸	弹壳材料	使用温度
参数	65.913 mm	15.2 g	无	黄铜	-32℃~52℃
备注	—	—	—	260 号铜合金	—

6. M1909 型 7.62×51 mm 空包弹

M1909 型 7.62×51 mm 弹药为空包弹，可配用于 M240 型通用机枪，其弹尖有玫瑰形褶皱收口，并涂有紫漆作为标识色，如图 2-31 所示。

图 2-31　M1909 型 7.62×51 mm 空包弹

M1909 型空包弹主要用于礼仪、训练和演习活动，其重要参数如表 2-16 所示。

表 2-16　M1909 型空包弹的重要参数

项目	枪弹长	枪弹重	弹丸	弹壳材料	使用温度
参数	63 mm	14.13 g	无	黄铜	-32℃~52℃
备注	—	—	—	260 号铜合金	—

2.5　M2 型 12.7 mm 机枪及其配套弹药

2.5.1　M2 型 12.7 mm 机枪

M2 型机枪于 1918 年设计，其中 M2HB 型从 1933 年生产至今，M2HB 型是 M2 的重枪管型号（Heavy Barrel，简称 HB），如图 2 - 32 所示。M2HB 型机枪重 38 kg，含三脚架重 58 kg，其中枪管重 10.88 kg。M2 型机枪采用 12.7×99 mm 北约标准枪弹，M2HB 型的射速为 450~575 发/min，AN/M2 型射速为 750~850 发/min，AN/M3 型射速为 1 200 发/min。M2 型机枪的枪口速度为 887.1 m/s，有效射程为 1 800 m，采用 M2 或 M9 型链式供弹系统。

图 2 - 32　M2HB 型 12.7 mm 机枪

在第二次世界大战、朝鲜战争、越南战争以及 20 世纪 90 年代和 21 世纪初的伊拉克战争中，M2 型机枪均被大量使用。美军使用 M2 型机枪进行射击训练的场景如图 2 - 33 所示。

图 2 - 33　美军使用 M2 型机枪进行射击训练的场景

2.5.2　配套弹药

M2 型 12.7 mm 机枪配套多种型号的 12.7×99 mm 枪弹，其中包括普通弹、曳光弹、穿甲弹、穿甲燃烧弹、穿甲燃烧曳光弹、穿甲燃烧红外曳光弹、空包弹等。

1. M33 型 12.7×99 mm 普通弹

M33 型 12.7×99 mm 弹药为普通弹，其弹丸头部没有涂标识色，如图 2 - 34 所示。该型枪弹的弹丸采用软钢弹芯，主要用于杀伤敌方人员和非装甲目标，其重要参数如表 2 - 17 所示。

图 2 – 34　M33 型 12.7×99 mm 普通弹

表 2 – 17　M33 型普通弹的重要参数

项目	枪弹长	枪弹重	弹丸	弹壳材料	初速	膛压	精度		使用温度
参数	138.43 mm	115.47 g	42.86 g	黄铜	855±9 m/s	448 MPa	9.53 cm	30.48 cm	-54℃ ~52℃
备注	—	—	软钢弹芯	260号铜合金	21℃±2℃时	21℃时	183 m 处	548 m 处	—

2. M17 型 12.7×99 mm 曳光弹

M17 型 12.7×99 mm 弹药为曳光弹，其弹尖标识色为棕色，如图 2 – 35 所示。该型枪弹的弹丸尾部装有曳光剂，发射时在 91~1 463 m 的距离内能够目视观察到它的飞行轨迹。M17 型曳光弹能够有效杀伤敌方人员等软目标，其重要参数如表 2 – 18 所示。

图 2 – 35　M17 型 12.7×99 mm 曳光弹

表 2 – 18　M17 型曳光弹的重要参数

项目	枪弹长	枪弹重	弹丸	弹壳材料	初速	膛压	精度		使用温度
参数	138.43 mm	111.32 g	40 g	黄铜	855±18 m/s	448 MPa	15.9 cm	30.48 cm	-54℃ ~52℃
备注	—	—	软钢弹芯+曳光剂	260号铜合金	21℃±2℃时	21℃时	183 m 处	548 m 处	—

3. MK263 型 12.7×99 mm 穿甲弹

MK263 型 12.7×99 mm 弹药为穿甲弹，其弹尖标识色为黑色，如图 2 – 36 所示。该型枪弹的弹丸包含一个经特殊处理的硬质弹芯，能够在 1 200 yd① 距离处穿透多层装甲板，因此该型枪弹主要用于打击装甲目标。MK263 型穿甲弹的重要参数如表 2 – 19 所示。

图 2 – 36　MK263 型 12.7×99 mm 穿甲弹

---

①　1 yd = 0.914 4 m。

表 2-19 MK263 型穿甲弹的重要参数

项目	枪弹长	枪弹重	弹丸	弹壳材料	初速	膛压	精度	使用温度
参数	138.43 mm	115.15 g	48.6 g	黄铜	850±9 m/s	448 MPa	30.5 cm	-43℃~52℃
备注	—	—	硬化钢质弹芯	260号铜合金	21℃±2℃时	21℃时	548 m 处	—

4. M8 型 12.7×99 mm 穿甲燃烧弹

M8 型 12.7×99 mm 弹药为穿甲燃烧弹，其弹尖标识色为银铝色，如图 2-37 所示。该型枪弹的弹丸采用硬化钢质弹芯，能够在 91 m 距离处穿透 2.2 cm 厚的装甲板，因此该型枪弹可用来打击装甲目标。

图 2-37 M8 型 12.7×99 mm 穿甲燃烧弹

另外，该型枪弹的弹丸还装填燃烧剂，击中目标后能够引燃油箱等易燃物。M8 型穿甲燃烧弹的重要参数如表 2-20 所示。

表 2-20 M8 型穿甲燃烧弹的重要参数

项目	枪弹长	枪弹重	弹丸	弹壳材料	初速	膛压	精度	使用温度
参数	138.43 mm	115.63 g	42.93 g	黄铜	855±9 m/s	448 MPa	30.5 cm	-54℃~52℃
备注	—	—	硬化钢质弹芯+燃烧剂	260号铜合金	21℃±2℃时	21℃时	548 m 处	—

5. M20 型 12.7×99 mm 穿甲燃烧曳光弹

M20 型 12.7×99 mm 弹药为穿甲燃烧曳光弹，其弹尖标识色为银铝色和红色，如图 2-38 所示。该型枪弹的弹丸采用硬化钢质弹芯，能够在 91 m 距离处穿透 2.2 cm 厚的装甲板，因此这种弹药可用来打击装甲目标。

图 2-38 M20 型 12.7×99 mm 穿甲燃烧曳光弹

另外，该型枪弹的弹丸还装填燃烧剂和曳光剂，具有一定的纵火能力，其弹丸的飞行轨迹在 91~1 460 m 的距离内可视。M20 型穿甲燃烧曳光弹的重要参数如表 2-21 所示。

表 2-21　M20 型穿甲燃烧曳光弹的重要参数

项目	枪弹长	枪弹重	弹丸	弹壳材料	初速	膛压	精度	使用温度
参数	138.43 mm	111.32 g	40 g	黄铜	855±9 m/s	417 MPa	30.5 cm	-54℃~52℃
备注	—	—	硬化钢质弹芯+燃烧剂+曳光剂	260号铜合金	21℃±2℃时	21℃时	548 m 处	—

6. MK257 型 12.7×99 mm 穿甲燃烧红外曳光弹

MK257 型 12.7×99 mm 弹药为穿甲燃烧红外曳光弹，其弹尖标识色为银铝色和淡紫色，如图 2-39 所示。该型枪弹的弹丸采用硬化钢质弹芯，能够在 91 m 距离处穿透 2.2 cm 厚的装甲板，因此该型枪弹可用来打击装甲目标。

图 2-39　MK257 型 12.7×99（mm）穿甲燃烧红外曳光弹

该型枪弹的弹丸尾部装有红外曳光剂，使用夜视设备可以在 91~1 463 m 的距离内观察到弹丸的飞行轨迹，并可有效降低己方武器发射位置被敌方发现的概率。另外，该型枪弹的弹丸还装填燃烧剂，具有一定的纵火能力。MK257 型穿甲燃烧红外曳光弹的重要参数如表 2-22 所示。

表 2-22　MK257 型穿甲燃烧红外曳光弹的重要参数

项目	枪弹长	枪弹重	弹丸	弹壳材料	初速	膛压	精度	使用温度
参数	138.43 mm	111.32 g	40 g	黄铜	887±9 m/s	448 MPa	30.5 cm	-43℃~52℃
备注	—	—	硬化钢质弹芯+燃烧剂+红外曳光剂	260号铜合金	21℃±2℃时	21℃时	548 m 处	—

7. MK211 型 12.7×99 mm 穿甲燃烧弹

MK211 型 12.7×99 mm 弹药为穿甲燃烧弹，其弹尖标识色为银铝色和绿色，如图 2-40 所示。

图 2-40　MK211 型 12.7×99 mm 穿甲燃烧弹

该型枪弹的弹丸具有硬化钢质弹芯和燃烧剂,能在 100 yd 距离上穿透 7/8 in 的装甲板,并具有一定的纵火能力,因此主要用来对付装甲目标。MK211 型穿甲燃烧弹的重要参数如表 2-23 所示。

表 2-23 MK211 型穿甲燃烧弹的重要参数

项目	枪弹长	枪弹重	弹丸	弹壳材料	初速（Mod 0）	初速（Mod 1）	精度（Mod 0）	精度（Mod 1）	使用温度
参数	138.43 mm	114.37 g	43.5 g	黄铜	885±9 m/s	885±15 m/s	15.24 cm	30.5 cm	-43℃ ~ 52℃
备注	—	—	硬化钢质弹芯 + 燃烧剂 +	260 号铜合金	21℃±2℃时		548 m 处	548 m 处	—

8. M1A1 型 12.7×99 mm 空包弹

M1A1 型 12.7×99 mm 弹药为空包弹,其弹尖有玫瑰形褶皱收口,并涂有紫漆作为标识色,如图 2-41 所示。

图 2-41 M1A1 型 12.7×99 mm 空包弹

该型枪弹主要用于训练和演习活动。对于自动武器,需要在枪口安装空包弹射击附件,才能实现弹药的连续上膛和射击。M1A1 型空包弹的重要参数如表 2-24 所示。

表 2-24 M1A1 型空包弹的重要参数

项目	枪弹长	枪弹重	弹丸	弹壳材料	使用温度
参数	99.314 mm	60.91 g	无	黄铜	-54℃ ~ 52℃
备注	—	—	—	260 号铜合金	—

2.6 M110 型半自动狙击系统及其配套弹药

2.6.1 M110 型半自动狙击系统

M110 型半自动狙击系统的英文名称是 M110 Semi-Automatic Sniper System,简称 M110 SASS,它是一种半自动狙击步枪,如图 2-42 所示。该系统由美国的奈特武器公司(Knight's Armament Company)研发,采用北约标准的 7.62×51 mm 枪弹。

图 2-42 M110 型半自动狙击系统

M110 型狙击系统于 2008 年列装美军部队,以取代 M24 型狙击武器系统,该系统主要装备美国陆军的狙击手、侦察兵、班属高级射手等人员。M110 型狙击系统的重要参数如表 2-25 所示。

表 2-25 M110 型狙击系统的重要参数

全重(含瞄准具、两脚架、20 发弹)	长度	枪管长	子弹初速(M118LR 弹)	有效射程(点目标)	弹匣容量
6.94 kg	1 029 mm	508 mm	783 m/s	800 m	10/20 发

2.6.2 配套弹药

M110 型半自动狙击系统主要配套 M118 LR 型 7.62×51 mm 远程狙击弹,该型枪弹弹丸头部没有涂标识色,如图 2-43 所示。该型枪弹主要用于狙击作战,在远距离杀伤敌方有生力量。

图 2-43 M118 LR 型 7.62×51 mm 远程狙击弹

M118 LR 型远程狙击弹的重要参数如表 2-26 所示。

表 2-26 M118 LR 型远程狙击弹的重要参数

项目	枪弹长	枪弹重	弹丸	弹壳材料	初速	膛压	水平精度	竖直精度	使用温度
参数	71.882 mm	25.27 g	11.3 g	黄铜	785±9 m/s	414 MPa	26.2 cm	35.6 cm	-54℃ ~ 52℃
备注	—	—	铅芯	260 号铜合金	21℃±2℃时	21℃时	984 m 处	914 m 处	—

2.7　M107 型 12.7 mm 狙击枪及其配套弹药

2.7.1　M107 型 12.7 mm 狙击枪

M107 型步枪是一种口径为 12.7 mm 的远程狙击枪，其英文名称是 M107 Long Range Sniper Rifle，简称 LRSR。M107 型枪械是一种半自动、风冷、弹匣供弹的狙击枪，该枪的承包商是巴雷特枪械制造公司（Barrett Firearms Mfg），如图 2-44 所示。M107 型狙击枪为美军部队提供了一种单兵便携式的反器材能力，并能补充 7.62 mm 狙击武器系统杀伤人员时的精确射击能力，该枪可装配光学/光电观察瞄准系统，支持全天候、全天时作战。

图 2-44　M107 型 12.7 mm 狙击枪

M107 型狙击枪配套一系列枪弹，能够使狙击手在更远的射程和更快的射击速度下使用，并具有超过 M24 型步枪的杀伤摧毁能力。该型步枪的主要任务是在远距离打击人员、C^4I 装备、雷达、弹药库、油罐，以及轻型装甲目标等。该型步枪还可用于反狙击任务，利用其较远的射程和高效毁伤能力，在 1 000 m 射程之外打击配备中小口径狙击武器的敌方狙击手，其射程可达 2 000 m。基本型 M107 步枪配备双脚支架、枪口制退器、携带手柄，以及容量为 10 发的弹匣。整个 M107 型狙击系统由步枪、狙击瞄准镜和 6 个备用弹匣组成。为了支持伊拉克自由行动（OIF）和持久自由行动（OEF），美军采购了大量 M107 型狙击系统，如表 2-27 所示。

表 2-27　美军采购的 M107 型狙击系统

财年	2001 年	2002 年	2003 年	2004 年	2005 年
购置数量	48 套	150 套	600 套	600 套	600 套
单价	10 417 美元	14 000 美元	15 000 美元	14 500 美元	14 833 美元

2.7.2　配套弹药

M107 型狙击步枪可配套多种型号的 12.7×99 mm 枪弹，其中包括普通弹、曳光弹、穿甲燃烧弹、穿甲燃烧曳光弹、空包弹等。由于 M107 型狙击步枪与 M2 型机枪配用的弹药基本相同，若有需要请查阅前文，在此就不赘述了。M107 型狙击步枪配套枪弹的重要参数如表 2-28 所示。

表 2-28　M107 型狙击步枪配套枪弹的重要参数

型号	弹种	长度	枪口速度
M33	普通弹	138.4 mm	887 m/s
M17	曳光弹	138.4 mm	872 m/s
M8	穿甲燃烧弹	138.4 mm	887 m/s
MK211 Mod 0	穿甲燃烧弹	138.4 mm	886 ± 9.1 m/s
M20	穿甲燃烧曳光弹	138.4 mm	887 m/s
M1A1	空包弹	99.3 mm	—

2.8　M26 型霰弹枪及其配套弹药

霰弹枪，是指无膛线（滑膛）并以发射霰弹为主的枪械。为了发射独头弹，有些霰弹枪也会采用带有膛线的枪管。霰弹枪具有火力强、杀伤面宽的优点，是近战的高效武器。

2.8.1　M26 型霰弹枪

自 20 世纪 90 年代末以来，美国陆军单兵作战实验室（U. S. Army's Soldier Battle Lab）一直在研发 M26 型霰弹枪。M26 型霰弹枪的英文全称为 M26 Modular Accessory Shotgun System，意为 M26 型模块化附件霰弹枪系统，简称 MASS。该枪是美国为 M16/M4 系列突击步枪研发的一种枪挂霰弹枪附件，如图 2-45 所示。同时，该枪也可以配备握把和枪托成为独立的武器，如图 2-46 所示。步枪挂载该附件系统时，能为士兵提供额外的作战能力。例如，使用特殊弹药破门，使用霰弹增加近程的杀伤力，或使用催泪弹、橡皮弹以及其他非致命弹药进行防暴。目前，它正在取代美军现役的 M500 型霰弹枪。

图 2-45　下挂 M26 型霰弹枪附件的 M4 步枪

最初 M26 型霰弹枪是面向特种作战部队而研发的，但当美军士兵部署到阿富汗执行任务后，他们希望采用霰弹枪附件来代替独立的霰弹枪，以减少携带武器的数量。因此，早在 2003 年，伊拉克和阿富汗的一些美军部队就少量地装备了该型霰弹枪。2010 年，采购的第一批该型霰弹枪配备了美军的宪兵和工程兵部队。从 2011 年开始，该型霰弹枪开始全面装备美军部队。据称，自 2012 年 2 月，美军一线部队已全部装备该型霰弹枪。美军使用枪挂式和独立式 M26 型霰弹枪进行射击训练的场景如图 2-47 所示。

图 2-46 M26 型霰弹枪

图 2-47 美军使用枪挂式和独立式 M26 型霰弹枪进行射击训练的场景

M26 型霰弹枪采用直拉栓动的操作方式，也就是手动拉栓后才能击发射击，不具备自动上弹的功能，因此射速较慢。该型霰弹枪使用口径为 12-gauge（铅径）的弹药，弹药长度为 70 mm 或 76 mm，有两种弹匣可供选择，分别能够装弹 3 发和 5 发。M26 型霰弹枪的重要参数如表 2-29 所示。

表 2-29 M26 型霰弹枪的重要参数

口径	操作方式	弹匣容量	弹药长度	枪管长	枪挂式		独立式	
					全长	质量	全长	质量
12-gauge	直拉栓动	3/5 发	70/76 mm	197 mm	419 mm	1.22 kg	610 mm	1.90 kg

2.8.2 霰弹枪的口径标准

在霰弹枪用弹药的设计过程中，受很多因素的影响。这是因为，小的弹丸飞行速度下降快，侵彻目标时的着靶速度小；较大的弹丸意味着减少弹丸的数量，将导致命中概率的降低；较重的装填载荷相比较轻的载荷会产生更大的后坐力和较低的初速；通过减少弹丸的数量或降低弹丸初速，可减少后坐力，但会降低命中概率和杀伤效果。因此，在确定弹药关键参数时，要权衡诸多因素后得出。

目前，美军装备的霰弹枪多数采用 12-gauge 的弹药，其中"gauge"是美制的关于直径的长度计量单位。早期的火炮使用类似的方式来命名，如 12 lb 的火炮是指其发射的炮弹的质量为 12 lb 重。与之相反，12 - gauge 的霰弹是指弹药的重量为 1/12 lb，即 37.8 g。将 37.8 g 的纯铅制成圆球，圆球的直径就是霰弹枪的口径，因此"gauge"也称为铅径。通过换算，得出 gauge 号与毫米数的对应关系，如表 2 - 30 所示。

表 2 - 30 gauge 号与毫米数的对应关系

gauge 号	10	11	12	13	14	15	16	17	18	19	20
毫米数	19.7	19.1	18.5	18.0	17.6	17.2	16.8	16.5	16.2	15.9	15.6

如上所述，需要注意的是，口径为 12 - gauge 的霰弹枪比 15 - gauge 的枪管口径要大。

2.8.3 配套弹药

霰弹枪最初为近距离作战武器，后来得到更广泛的运用，目前可以实现三类用途：进攻性作战、通道破拆和防暴维稳。标准霰弹枪的有效射程通常在 20 ~ 30 m。防暴弹药的射程在 10 ~ 75 m，这些低威力弹药与警察使用的弹药类型相同，曾在 2001 年科索沃发生的骚乱中发挥了良好的控制作用。目前，美国军方正在研究和开发多种类型的霰弹枪用弹药，包括爆炸弹和远距离破门弹，这将进一步提高霰弹枪的作战灵活性。

1. 铅弹

对于霰弹枪，美军训练和作战中最常用的弹药是铅弹（Buckshot），也称为鹿弹。铅弹主要由壳体、底火、发射药、弹丸、底座、压力推板、封片组成。压力推板和封片可以由棉垫、毡垫或塑料垫制作。典型铅弹的结构简图如图 2 - 48 所示。

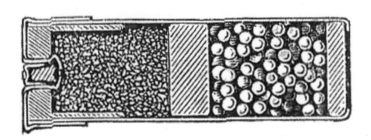

图 2 - 48 典型铅弹的结构简图

美军常用的铅弹口径为 12 - gauge，弹长 70 mm，内装 9 颗 00 号的硬化铅粒，铅粒的直径为 8.4 mm。在近距离上，这种弹药对无装甲防护的目标有致命伤害，特别适合应用在舰艇上阻止敌人的登船行动。

2015 年 7 月 24 日，在卡内奥赫湾靶场训练基地（Kaneohe Bay Range Training Facility），美国海军陆战队士兵进行霰弹枪射击训练时使用的弹药就是铅弹，如图 2 - 49 所示。

2016 年 5 月 31 日，在日本南部海域的美国海军阿里伯克级导弹驱逐舰巴里号（DDG 52）上，士兵进行霰弹枪射击训练，使用的弹药为铅弹，如图 2 - 50 所示。虽然它采用了具有伪装性能的暗绿色，但结构与红色外观的弹药基本相同。

图 2-49　美国海军陆战队射击训练用的铅弹

图 2-50　美国海军训练用的铅弹

2. 破门弹

为了快速打开闭锁的门，美军装备了 M1030 型破门弹。该弹口径为 12 - gauge，长度为 70 mm，装填物为用蜡封装的 40 g 金属粉末。M1030 型破门弹的组件及包装如图 2 - 51 所示。

图 2-51　M1030 型破门弹的组件及包装

2017 年 8 月 10 日，驻扎在美国印第安纳州第 412 战区工兵司令部所属的第 411 工兵旅第 458 工兵营第 420 工兵连的美国陆军预备役士兵，在纽约州德拉姆堡（Fort Drum）训练基地进行 M26 型霰弹枪的破门训练，如图 2 - 52 所示。

3. 镖弹

在军事上，霰弹枪也可配套镖弹（Flechette Shell），主要装备特种部队，例如在越南战争中美军的海豹突击队就曾使用，但这并不常见。镖弹的结构简图如图 2 - 53 所示。

图 2-52　美军使用 M26 型霰弹枪进行破门训练的场景

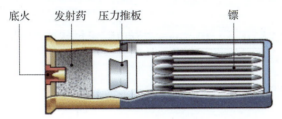

图 2-53　镖弹的结构简图

第3章
单兵/班组榴弹发射器及其配套弹药

3.1　M320型40 mm榴弹发射器及其配套弹药

3.1.1　M320型40 mm榴弹发射器

M320型榴弹发射器模块是一种新型的单发40 mm榴弹发射器系统,用于取代美国陆军装备的M203型榴弹发射器。

2004年,美国陆军宣布了对40 mm榴弹发射器的需求,要求新系统要比M203型榴弹发射器更符合人体工程学,且更加可靠、精准和安全。新系统必须能够发射现有所有型号符合北约标准的40×46 mm低初速榴弹,包括杀爆弹、发烟弹、照明弹等。经过设计、研制和测试,M320榴弹发射器于2008年11月投产,并于2009年2月开始装备美军,单价3 500美元。M320榴弹发射器有两种运用方式,既可以作为独立的武器使用,如图3-1所示,也可以安装在M16系列、M4系列突击步枪的枪管下方,如图3-2所示。

图3-1　独立式M320型榴弹发射器　　图3-2　安装M320型榴弹发射器的M4系列突击步枪

M320型榴弹发射器全重1.5 kg,可发射40×46 mm弹药,射速为5~7发/min,最大射程为400 m,其重要参数如表3-1所示。

M320型榴弹发射器和M203型榴弹发射器都是单发榴弹发射器,只能单发装填、单发射击。但在装填弹药时,两者有些不同,M320型榴弹发射器的后膛向一侧打开,而M203型榴弹发射器的身管向前打开,如图3-3所示。相比两者的装弹过程,M320型榴弹发射器更方便,且弹药不容易滑落。

表 3–1 M320 型榴弹发射器的重要参数

弹药	全重	长度	发射管长	射速	弹药初速	有效射程		最大射程
						点目标	面目标	
40×46 mm	1.5 kg	350 mm	280 mm	5~7 发/min	76 m/s	150 m	350 m	400 m

图 3–3 M320 型榴弹发射器和 M203 型榴弹发射器装弹过程的对比

　　M320 型榴弹发射器的身管带有膛线，可使飞行的弹丸依靠旋转来稳定弹道，如图 3–4 所示。除身管带膛线的榴弹发射器外，M320 型榴弹发射器系统还包括昼/夜瞄准具和手持式激光测距仪。昼/夜瞄准具使掷弹兵拥有在黑暗中有效攻击敌人的能力。M320 型榴弹发射器的瞄准具位于发射装置的侧面，可避免 M203 型榴弹发射器在瞄准具设计上的问题。因为 M203 型榴弹发射器的瞄准具安装在发射装置的顶部，这会影响步枪瞄准具的使用，所以发射器及其瞄准具必须分开安装。这意味着将 M203 型榴弹发射器安装到武器上时必须执行两项单独的操作，而且由于瞄准具不是 M203 型榴弹发射器的组成部分，每次发射器被重新安装到步枪上时，瞄准具都必须重新调零。

图 3–4 M320 型榴弹发射器的膛线

　　2019 年 5 月 17 日，在美国西弗吉尼亚州（West Virginia）的道森营（Camp Dawson）举行的最佳士兵比赛中，士兵们进行了 M320 型榴弹发射器的射击，如图 3–5 所示。

图 3-5　美军士兵进行 M320 型榴弹发射器的射击比赛

3.1.2　配套弹药

M320 型榴弹发射器配套多种型号的弹药,其中包括榴弹、目标训练弹、照明弹、信号弹等。

1. M433 型 40 mm 杀爆破甲双用途榴弹

M433 型 40 mm 杀爆破甲双用途榴弹(High Explosive Dual Purpose,简称 HEDP),用于杀伤人员和摧毁轻型装甲车辆,它垂直入射时可穿透 63.5 mm (2.5 in) RHA 装甲(Rolled Homogeneous Armour,轧制均质装甲),弹药的初始速度为 76 m/s,最大射程为 400 m。M433 型榴弹包含一个预制破片战斗部和用于侵彻装甲的成型装药,如图 3-6 所示。M433 型榴弹由 M118 型铝质药筒、M550 型碰炸引信、铜质药型罩,以及预制破片战斗部和 Comp A5 炸药组成。M550 型引信采用弹头触发弹底起爆方式,其英文名称为 Point - Initiated Base - Detonating,简称 PIBD。该型榴弹能够在 400 m 范围内摧毁轻型装甲和杀伤人员。当前,AMTEC 是唯一为美军制造 M550 引信及配套 M433 型弹药的公司。

图 3-6　M433 型 40 mm 杀爆破甲双用途榴弹

M433 型榴弹采用高低压发射原理,在其药筒上有高压、低压两个燃烧室,燃烧室之间由小孔相连;在高压室内装有发射药,而低压室内没有发射药;当高压室的发射药被底火点燃后,其产生的燃气会通过两室连通的小孔流入低压室;由于连通孔直径较小,导气量受到限制,所以低压室内的膛压上升曲线平缓,这既适合装备薄壁身管武器,减轻武器的重量,也能限制后坐力的大小。M433 型杀爆破甲双用途榴弹的重要参数如表 3-2 所示。

表 3-2　M433 型杀爆破甲双用途榴弹的重要参数

全重	长度	弹丸壳体材料		颜色		战斗部装药		初速
				药筒	弹头	种类	质量	
0.507 lb	4.05 in	铝质壳体	钢质战斗部	橄榄绿	黄色	Comp A5	45 g	76 m/s

续表

引信		药筒	发射药		底火	最大射程	有效射程	穿甲深度
类型	型号		种类	质量				
PIBD	M550 型	M118 型	M9 型	330 mg	M42 型	400 m	350 m	63.5 mm

M433 型榴弹采用半预制破片/成型装药战斗部。当弹丸撞击目标时，引信内的撞针将插入雷管，雷管起爆成型装药，进而产生金属射流，可用于穿透轻型装甲目标，同时弹丸壳体发生破碎产生大量高速破片，可有效杀伤人员目标。该型榴弹爆炸产生的高速破片云（X 光拍摄）及其回收的破片如图 3-7 所示。

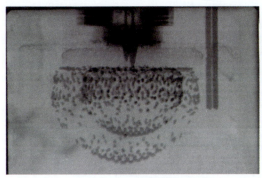

图 3-7　M433 型榴弹爆炸产生的高速破片云（X 光拍摄）及其回收的破片

2. M781 型 40 mm 目标训练弹

M781 型榴弹发射器配套弹药是一种目标训练弹，它与 M433 型 HEDP 弹药兼容，具有作用视觉效果强烈、成本低廉等优点，主要用于 M320 型和 M203 型榴弹发射器的射击准确度训练。它用染料替代战斗部内装药，会在命中位置显示橙色的标识颜色。该目标训练弹初速为 76 m/s，最大射程为 400 m。M781 型 40 mm 目标训练弹及美军士兵射击训练的场景如图 3-8 所示。

图 3-8　M781 型 40 mm 目标训练弹及美军士兵射击训练的场景

M781 型目标训练弹没有引信，当弹丸与目标碰撞时，易碎的弹丸壳体发生破裂，释放出橙色染料，从而产生一股黄橙色的烟雾，具有很强的目视效果。M781 型 40 mm 目标训练弹对目标的作用效果如图 3-9 所示。M781 型目标训练弹的重要参数如表 3-3 所示。

图 3 – 9　M781 型 40 mm 目标训练弹对目标的作用效果

表 3 – 3　M781 型目标训练弹的重要参数

全重	长度	弹丸壳体材料	颜色			战斗部装药
			弹丸	药筒	标识	
205 g	4.05	锌合金或铝合金	蓝色	白色	白色	橙色粉末状颜料
引信	药筒		发射药		初速	最大射程
			种类	质量		
无	M212 型		M9	340 mg	76 m/s	400 m

3. M583A1 型 40 mm 伞式白光照明弹

M583A1 是一种低速 40 mm 降落伞式白光照明弹，如图 3 – 10 所示。该型弹药主要用来照明和发射信号，可配套于 M320 型和 M203 型榴弹发射器。相比便携式的手持信号弹，该型弹药具有更轻的重量和更小的体积，且发射精度也更高。

图 3 – 10　M583A1 型 40 mm 伞式白光照明弹

该型弹药为定装式弹药，包括弹丸和药筒两个主要部件。弹丸壳体采用铝合金制作，在弹丸的顶部装有一个塑料的头帽，头帽上压印用于夜间弹种识别的字母标识。当发射到空中后，经 4～5 s 的延迟，弹丸会抛出一个带有直径为 20 in 的降落伞的发光组件，而后降落伞以每秒约 7 ft① 的速度下降。整个发光组件的燃烧时间大约为 40 s。美军发射 M583A1 型 40 mm 伞式白光照明弹的场景及其效果如图 3 – 11 所示。

---

①　1 ft = 0.304 8 m。

图3-11 美军发射M583A1型40 mm伞式白光照明弹的场景及其效果

当垂直发射时,发光组件通常在500~700 ft的高度发挥作用,其发光强度使空中观察员在3 000 ft高度的观察斜距大于3 mi[①]。M583A1型伞式白光照明弹的重要参数如表3-4所示。

表3-4 M583A1型伞式白光照明弹的重要参数

全重	长度	弹丸壳体材料	颜色			照明剂质量
			弹丸	药筒	标识	质量
0.49 lb	5.272 in	铝合金	白色	橄榄绿	黑色	93 g
药筒	发射药		底火	初速	飞行高度	平均发光强度
	种类	质量				
M195型	M9型	330 mg	M42型	76 m/s	183 m	90 000 cd

4. M661型40 mm伞式绿光照明/信号弹

M661型40 mm伞式绿光照明/信号弹可配套于M320型和M203型榴弹发射器,它的结构和作用过程与M583A1型照明弹类似,如图3-12所示。不同之处在于照明药剂的种类,该型弹药的照明组件能够发出绿色的光。

图3-12 M661型40 mm伞式绿光照明/信号弹

---

① 1 mi = 1 609.344 m。

M661型伞式绿光照明/信号弹主要用于战场照明和发射信号，其重要参数如表3-5所示。

表3-5　M661型伞式绿光照明/信号弹的重要参数

全重	长度	弹丸壳体材料	颜色			照明剂质量
			弹丸	药筒	标识	质量
0.49 lb	5.272 in	铝合金	白色	橄榄绿	黑色	86 g
药筒	发射药		底火	初速	飞行高度	平均发光强度
	种类	质量				
M195型	M9型	330 mg	M42型	76 m/s	183 m	8 000 cd

5. M585型40 mm集束型白光照明/信号弹

M585型40 mm集束型白光照明/信号弹可配套于M320型和M203型榴弹发射器，它的内部结构和作用过程比较特别，如图3-13所示。该型弹药的内部没有降落伞，其有效载荷为大量发光药块。该型弹药主要用于战场照明和发射信号。

图3-13　M585型40 mm集束型白光照明/信号弹

M585型集束型白光照明/信号弹的重要参数如表3-6所示。当发射到空中后，经4~5 s的延迟，弹丸内的推出装药被点燃。推出装药在点燃发光药块的同时将它们从弹丸的头部抛出，而后发光药块自由下落，并发出强烈的光照。发光药块的发光时间大于为7 s，可产生55 000 cd的平均发光强度。

表3-6　M585型集束型白光照明/信号弹的重要参数

全重	长度	弹丸壳体材料	颜色			照明剂质量
			弹丸	药筒	标识	质量
0.41 lb	5.268 in	铝合金	白色	橄榄绿	黑色	85 g
药筒	发射药		底火	初速	飞行高度	平均发光强度
	种类	质量				
M195型	M9型	330 mg	M42型	76 m/s	167 m	55 000 cd

6. M1006型40 mm非致命弹药

M1006型40 mm非致命弹药可配套于M320型和M203型榴弹发射器，具有很高的命中精度，如图 3-14 所示。该型弹药属于防暴弹药，可使人员暂时丧失行动能力，而不会对人体造成贯穿性伤害，主要用于控制暴乱和维持治安。

图 3-14　M1006 型 40 mm 非致命弹药

该型弹药弹丸是由高密度塑料的主体和泡沫橡胶的头部组成的。当命中人员目标时，弹丸头部的泡沫橡胶材料会起到缓冲作用，仅会对人体造成剧痛感，而不会造成永久性的伤害和死亡。M1006 型非致命弹药的重要参数如表 3-7 所示。需要注意的是，该型弹药仍具有一定的杀伤作用。因此，在实际使用时，其射击距离应超过 10 m，并避免击中人员胸部以上的任何部位。

表 3-7　M1006 型非致命弹药的重要参数

全重	长度	弹头材料	颜色		战斗部	
			弹头	弹丸	装药	质量
0.15 lb	3.95 in	泡沫橡胶	绿色	黑色	无	30 g
引信	药筒	发射药			初速	
		种类	质量			
无	M212 型	Winchester mix	130 mg		81 m/s	

3.2　Mk19 型 40 mm 自动榴弹发射器及其配套弹药

3.2.1　Mk19 型 40 mm 自动榴弹发射器

Mk19 型发射器是美军装备的一种 40 mm 自动榴弹发射器，如图 3-15 所示，它具有 Mod 0、Mod 1、Mod 2、Mod 3、Mod 4 等多个版本，其中 Mod 0 于 1968 年装备美军。Mk19 Mod 3 于 1983 年被美国陆军采用，至今仍在服役。

图 3 – 15　Mk19 型 40 mm 自动榴弹发射器

Mk19 Mod 3 型自动榴弹发射器由通用动力武器与技术产品公司（General Dynamics Armament and Technical Products，简称 GDATP）生产，采用气冷方式和链式供弹，能够单发或连续自动射击。该型发射器的质量为 33 kg，有效射程为 1 500 m，能够发射 40 × 53 mm 弹药，其重要参数如表 3 – 8 所示。

表 3 – 8　Mk19 Mod 3 型自动榴弹发射器的重要参数

弹药	质量	长度	宽度	射速	有效射程	最大射程	炮口初速
40 × 53 mm	33 kg	1 095 mm	340 mm	300 ~ 400 发/min	1 500 m	2 050 m	241 m/s

目前，Mk19 型榴弹发射器广泛安装在美军的各种车辆上，同时也能够由班组携带，通过三脚架支撑在地面进行射击，如图 3 – 16 所示。该型发射器的强大威力和广泛通用性，使其成为美军在进攻和防御作战中首选的基本武器。

图 3 – 16　Mk19 型榴弹发射器的不同运用形式

3.2.2　配套弹药

1. M430A1 型 40 mm 杀爆破甲双用途榴弹

在实战中，Mk19 榴弹发射器配套的主要弹种是 M430A1 型 40 mm 杀爆破甲双用途榴弹。该型弹药采用成型装药 + 半预制破片战斗部，主要用于杀伤敌方人员和摧毁轻型装甲车辆，它垂直入射时能穿透 76.2 mm（3 in）的 RHA 装甲，并杀伤目标区域的人员目标。M430A1

型 40 mm 杀爆破甲双用途榴弹的外观、基本结构和弹链状态如图 3-17 所示。

图 3-17　M430A1 型 40 mm 杀爆破甲双用途榴弹的外观、基本结构和弹链状态

M430A1 型双用途榴弹的初速为 240 m/s，有效射程为 1 200 m，最大射程为 2 200 m，引信解保最小距离为 18 m。M430A1 型双用途榴弹装弹及发射的场景如图 3-18 所示。

图 3-18　M430A1 型双用途榴弹装弹及发射的场景

该型弹药的战斗部壳体采用预制刻槽结构，装药爆炸时能产生更多数量的有效破片，实现对伴随装甲车辆机动的步兵的高效杀伤。M430A1 型双用途榴弹的战斗部壳体及爆炸产生的破片的 X 光照片如图 3-19 所示。

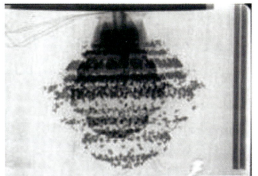

图 3-19　M430A1 型双用途榴弹的战斗部壳体及爆炸产生的破片的 X 光照片

M430A1 型双用途榴弹的重要参数如表 3-9 所示。

表 3-9 M430A1 型双用途榴弹的重要参数

全重	长度	弹丸壳体材料	颜色		战斗部装药		初速
			弹丸	弹头	种类	质量	
0.75 lb（340 g）	4.415 in	冲压钢材	橄榄绿	黄色	Comp A5	32 g	241 m/s

引信		药筒	发射药		底火	最大射程	有效射程	穿甲深度
类型	型号		种类	质量				
PIBD	M549 型	M169 型	M2 型	4.2 g	FED 215 型	2 200 m	2 000 m	76.2 mm

2. M918 型 40 mm 目标训练弹

M918 型 40 mm 目标训练弹是一种射击训练弹药，与 M430A1 型弹药具有相同的弹道，适用于所有 Mk19 型榴弹发射器，如图 3-20 所示。

图 3-20 M918 型 40 mm 目标训练弹

该型弹药的初速为 240 m/s，引信解保距离为 18~30 m，引信反应时间小于 4 ms。当弹丸撞击目标后，火药燃烧产生的气体集中在弹丸的底部，使壳体破裂并产生闪光、烟雾和巨响，可保证在有效射程内的人员的有效观察。M918 型目标训练弹的重要参数如表 3-10 所示。

表 3-10 M918 型目标训练弹的重要参数

全重	长度	弹丸壳体材料	颜色		战斗部装药	
			弹丸	弹头	种类	质量
0.76 lb	4.415 in	冲压钢材	橄榄绿+蓝色色带	蓝色	闪光剂	1 g

引信型号	药筒	发射药		底火	初速	最大射程
		种类	质量			
M550 型	M169 型	M2 型	4.2 g	FED 215 型	244 m/s	2 200 m

3. M385A1 型 40 mm 目标训练弹

M385A1 型 40 mm 目标训练弹是一种射击训练弹药,可由 Mk19 型榴弹发射器发射。该型弹药仅用于射击训练或武器测试,如图 3-21 所示。

图 3-21 M385A1 型 40 mm 目标训练弹

该型弹药虽然具备发射能力,但由于弹丸没有引信和装药,因此撞击目标后不能产生特殊的声光效果。在射击训练时,通常与 M918 型目标训练弹采用间隔方式构成弹链,在保证训练效果的前提下可节约大量弹药采购经费,如图 3-22 所示。M385A1 型目标训练弹的重要参数如表 3-11 所示。

图 3-22 M385A1 型目标训练弹和 M918 型目标训练弹采用间隔方式构成弹链

表 3-11 M385A1 型目标训练弹的重要参数

全重	长度	弹丸材料	弹丸颜色	战斗部装药
0.77 lb(350 g)	4.415 in	铝合金	蓝色	无
引信	药筒	发射药		底火	初速	最大射程
		种类	质量			
无	M169 型	M2 型	4.2 g	FED 215 型	242 m/s	2 200 m

4. M922 型 40 mm 教练弹

M922 型 40 mm 教练弹是一种训练用弹药,主要用于弹药处理和 Mk19 型自动榴弹发射器装弹等方面的训练,如图 3-23 所示。

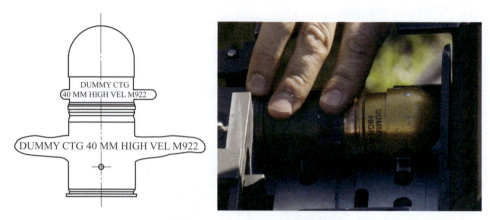

图 3-23 M922 型 40 mm 教练弹

M922 型教练弹与 M430A1 型榴弹相比,具有相同的尺寸、形状和重量,但它不含任何含能材料,即 M922 型教练弹是完全惰性的。M922 型教练弹的重要参数如表 3-12 所示。

表 3-12 M922 型教练弹的重要参数

全重	长度	弹丸壳体材料	弹丸颜色	战斗部装药
350 g	4.415 in	铝合金	金色	无
引信	药筒	发射药	底火	初速	最大射程
无	M169 型	无	无	—	—

5. M922A1 型 40 mm 教练弹

M922A1 型 40 mm 教练弹与 M922 型 40 mm 教练弹类似,也是一种训练用弹药。该型弹药外观是金色的,如图 3-24 所示。

图 3-24 M922A1 型 40 mm 教练弹

该型弹药配套于 Mk19 型自动榴弹发射器,主要用于弹药处理和武器装弹等方面的训练。M922A1 型 40 mm 教练弹具有与 M430A1 型榴弹相同的尺寸、形状和重量,但它不含任何含能材料,即 M922A1 型教练弹是完全惰性的,因此可保证课堂教学的安全性。M922A1 型教练弹的重要参数如表 3-13 所示。

表 3-13 M922A1 型教练弹的重要参数

全重	长度	弹丸壳体材料	弹丸颜色	战斗部装药
0.77 lb	4.42 in	铝合金	金色	无
引信	药筒	发射药	底火	初速	最大射程
无	无	无	无	—	—

6. M1001 型 40 mm 镖弹

M1001 型 40 mm 镖弹配套于 Mk19 型自动榴弹发射器,它的主要用途是杀伤 100 m 范围内的敌方人员目标,能够穿透美军装备的 PASGT(Personnel Armor System for Ground Troops,地面部队用单兵装甲防护系统)防弹背心。该型弹药的战斗部内装有 113 枚钢质镖箭,可有效杀伤有生力量,如图 3-25 所示。M1001 型镖弹的重要参数如表 3-14 所示。

图 3-25 M1001 型 40 mm 镖弹

表 3-14 M1001 型镖弹的重要参数

全重	长度	弹丸壳体材料	颜色		战斗部装填物	
			弹丸	弹头	类型	数量
0.75 lb	4.392 in	铝合金	橄榄绿	金色	钢质镖箭	113 枚
引信	药筒	发射药	底火	初速	最大射程	
无	M169 型	M2 型	FED 215 型	241 m/s	100 m	

第4章
反坦克导弹武器系统

美国陆军主要装备两种型号的反坦克导弹武器系统,即标枪反坦克导弹武器系统和TOW式反坦克导弹武器系统。

4.1 标枪反坦克导弹武器系统及其配套弹药

标枪反坦克导弹武器系统是一种由单兵便携的中程反坦克武器。它采用红外成像导引头,是一种实现全自动导引的第三代反坦克导弹,具有全天时作战和发射后不用管的能力。

4.1.1 标枪反坦克导弹武器系统

标枪反坦克导弹武器系统的作战部分由可重复使用的指挥发射单元和一次性消耗的筒装导弹组成,如图 4-1 所示。其中指挥发射单元的英文名称为 Command Launch Unit,简称 CLU;而筒装导弹包括导弹、发射筒组件和电池冷却单元。发射筒组件既是导弹的发射筒,也是导弹的储存包装筒。

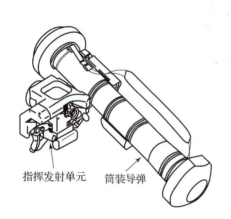 

图 4-1 标枪反坦克导弹武器系统及其发射场景

标枪反坦克导弹武器系统可由 1 名士兵操作,也可由 2 或 3 名士兵组成的班组来操作。该武器系统装备光学/红外观瞄设备,具备全天候作战能力,在低能见度条件下也能够使用,其性能特征如表 4-1 所示。

表 4-1 标枪反坦克导弹武器系统的性能特征

系统类型	发射后不用管
班组成员	1~3 人不等
导弹攻击模式	顶部攻击（缺省选项）和直接攻击
距离	顶部攻击时的最小距离为 150 m
	两种攻击模式的最大有效射程均为 2 500 m
	直接攻击时的最小距离为 65 m
飞行时间	在射程为 2 000 m 的条件下导弹飞行约 14 s
两级推进系统	发射发动机将导弹从发射筒内推出约 15 ft 远
	飞行发动机使导弹飞向目标
有限空间内的发射要求	最小长度为 15 ft
	最小宽度为 12 ft
	最小高度为 7 ft

4.1.2 指挥发射单元

标枪反坦克导弹武器系统采用 M98A2 型指挥发射单元，发射时将该指挥发射单元与筒装导弹连接起来，它是标枪导弹系统中唯一可重复使用的部分，如图 4-2 所示。

图 4-2 标枪反坦克导弹武器系统的指挥发射单元

该指挥发射单元包括昼视仪、夜视仪、控制与指示器等。昼视仪可用于在晴朗的白天观察和监视目标活动；夜视仪可供射手在全天时和低能见度条件下使用。指挥发射单元通常装在携行包内，除此之外包内还装有技术手册、BA-5590/U 型锂电池和镜头清洁工具套装，如图 4-3 所示。标枪反坦克导弹武器系统指挥发射单元的性能特征如表 4-2 所示。

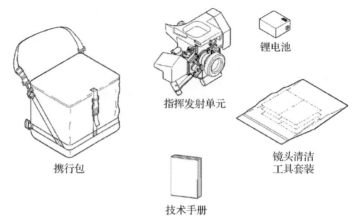

图 4-3　标枪导弹系统的指挥发射单元及其附件

表 4-2　标枪反坦克导弹武器系统指挥发射单元的性能特征

M98A2 型指挥发射单元 （含电池、携行包 和清洁工具）		质量	6.80 kg
		长度	49.00 cm
		高度	33.02 cm
		宽度	41.91 cm
视野	白光	放大倍数	4 倍
		视场	6.40°×4.80°
	夜视	宽视场的放大倍数	4 倍
		宽视场	6.11°×4.58°
		窄视场的放大倍数	12 倍
		窄视场	约 2°×1.5°
电池		电池类型	二氧化硫锂电池（不可再充电）
		质量	1.01 kg

4.1.3　筒装导弹

筒装导弹包括发射筒、导弹和电池冷却单元。该导弹的储存寿命为 10 年，在此期间只需对库存条件进行监控即可。标枪导弹的性能特征如表 4-3 所示。

表 4-3　标枪导弹的性能特征

筒装导弹 （含发射筒、导弹和 电池冷却单元）	质量	15.50 kg
	长度	120.90 cm
	带端盖时的直径	29.85 cm
	发射筒的外径	14.00 cm

续表

导弹弹体	质量		10.128 kg
	长度		108.27 cm
	直径		12.70 cm
	导引头视场	放大倍数	9 倍
		视场	1.0°×1.0°
电池冷却单元	质量		1.32 kg
	长度		20.726 cm
	宽度		11.752 cm
	电池部分	类型	锂电池（不可再充电）
		工作寿命	4 min
	冷却气体部分	冷却气体	氩气

1. 发射筒

发射筒由导弹发射管、前后端盖、提手、肩带和指挥发射单元接口组成，如图 4-4 所示。导弹的发射管内装有一枚标枪导弹。发射管的作用是在导弹发射前保护弹体不受外界环境影响。所有发射管组件均安装在管体的外部。需要注意的是，一旦导弹发射，就可以丢弃发射管，即发射后即弃。前后端盖的作用是保护导弹在运输和处理过程中免受损坏。当准备发射时，应将前端盖取下。后端盖是永久性固定在发射筒上的。在发射过程中，发射发动机产生的高压将后端盖上的中心盖吹出。提手位于发射管外侧的中部位置，用于导弹的携行。

图 4-4 标枪反坦克导弹的发射筒

指挥发射单元接口是导弹和指挥发射单元的连接口，如图 4-5 所示。它传输的内容包括数据信息、电力和导引头图像信号。

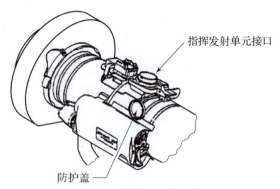

图 4-5 指挥发射单元接口

2. 导弹

标枪导弹的弹体由制导部分、战斗部、弹体中段、推进系统和执行机构组成,如图 4-6 所示。

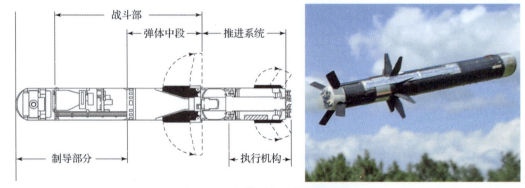

图 4-6 标枪反坦克导弹的弹体

制导部分位于导弹的前端,它包括导引头和电子制导单元,主要为导弹提供目标跟踪和飞行控制信号,如图 4-7 所示。标枪导弹的导引头采用红外成像传感器,使导弹具备发射后不管的能力,极大地提高了射手的战场生存能力。在向目标飞行的过程中,导引头的红外成像系统跟踪目标,并向弹载电子制导单元发送目标的位置信息。另外,在导引头内还装有用于引爆战斗部的接触开关,当导弹头部撞击物体时接触开关闭合,进而使导弹的战斗部发生爆炸。电子制导单元具有两个功能:①控制导引头方向,使之锁定目标;②向执行机构发送信号,使导弹飞向目标。

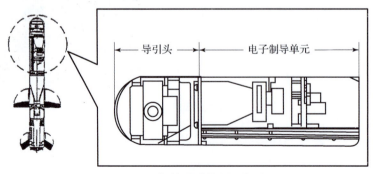

图 4-7 标枪导弹的制导部分

标枪导弹采用串联战斗部结构，战斗部由前置战斗部和主战斗部构成，如图4-8所示。前置战斗部为成型装药结构，其作用是在主战斗部到达之前引爆目标上的反应装甲。一旦反应装甲被引爆，目标的主体结构将暴露给导弹的主战斗部。如果目标没有装备反应装甲，前置战斗部能为穿透目标提供额外的毁伤能力。主战斗部是导弹战斗部的二级装药，它也是主要针对装甲目标的成型装药战斗部。主战斗部设计用于穿透目标的主装甲，以实现对目标的杀伤。

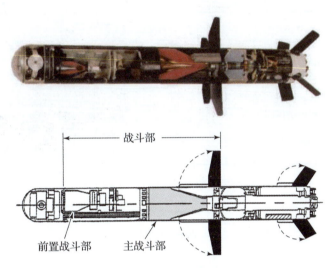

图4-8 标枪导弹的战斗部

弹体中段包括导弹外壳、电子保险/解保/发火装置、弹翼和战斗部主装药，如图4-9所示。导弹外壳是导弹的一个结构部分，在飞行过程中为内部各组件提供保护环境。电子保险/解保/发火装置（Electronic Safe, Arm and Fire, 简称ESAF）是防止发动机意外点火和战斗部意外爆炸的主要安全装置。该装置由电路和两个雷管组成，一个雷管用于前置战斗部，另一个用于主装药。该装置控制着导弹的发射序列和战斗部的爆炸。它允许在射手扣动扳机及满足所有其他发射条件时，以适当的顺序启动火箭发动机。当导弹命中目标时，电子保险装置按顺序引爆前置战斗部和主装药。弹翼可以在飞行过程中提供升力，并保持导弹的稳定。当导弹在发射管内时，弹翼处于折叠状态，发射后弹翼随之展开。

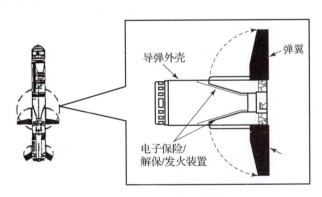

图4-9 标枪导弹的弹体中段

导弹的推进系统由发射发动机和飞行发动机两部分组成。发射发动机的作用是将导弹从发射筒内推出。它为导弹提供初始速度，使导弹在飞行发动机点火前飞离射手至安全距离，以确保射手的安全。当导弹离开发射筒后，发射发动机燃烧完毕，这可以降低发射时的特征。飞行发动机的作用是推动导弹飞向目标。它点燃时，导弹已经飞离射手一段距离，能够保证射手不会被其产生的高温燃气灼伤。标枪导弹的推进系统及飞行发动机点火瞬间如图 4-10 所示。

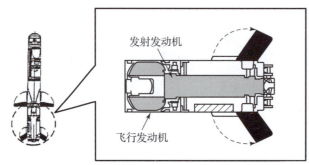

图 4-10　标枪导弹的推进系统及飞行发动机点火瞬间

执行机构的作用是控制导弹的飞行，并为弹载系统提供电力。导弹的执行机构由 4 个控制舵片、4 个推力矢量控制叶片和 1 组弹载热电池组成，如图 4-11 所示。在飞行中，控制舵片操纵着导弹的飞行路线。当导弹出筒后，在扭簧的作用下控制舵片自动展开，并锁定在飞行位置。在飞行过程中，它们会自动调整以引导导弹命中目标。在导弹飞行过程中，推力矢量控制叶片通过偏转飞行发动机的高温燃气，来辅助控制舵片操纵导弹飞行。这种控制方式是通过改变飞行发动机的推力方向，来达到控制导弹飞行的目的的。弹载热电池在飞行期间为导弹提供电力，它被密封在导弹的弹体内。

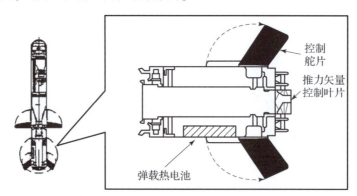

图 4-11　标枪导弹的执行机构

3. 电池冷却单元

标枪导弹的电池冷却单元如图 4-12 所示，它包括电池部分和装有压缩气体的冷却部分。在导弹发射前，电池部分为弹载电子设备供电，压缩气体将导弹的导引头冷却到它的工作温度内。电池冷却单元是一次性使用的设备，其工作时间为 4 min。一旦导弹被发射，电池冷却单元将随发射筒一同被丢弃。

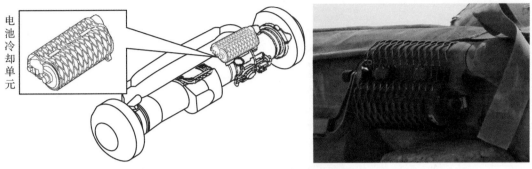

图 4-12 标枪导弹的电池冷却单元

4.1.4 标枪导弹的性能与特征

标枪导弹有顶部攻击和直接攻击两种攻击模式,其中顶部攻击为默认模式。在两种攻击模式下,导弹的飞行路线不尽相同。

1. 顶部攻击模式

在顶部攻击模式下,导弹从上方接近目标,撞击并在目标顶部爆炸,如图 4-13 所示。这种能力允许射手从车辆的前面、后面或侧面实施攻击,大大增加了杀伤目标的概率。这种攻击模式可攻击车辆防护性能较弱的顶部。采用顶部攻击模式时,导弹的最短交战距离为 150 m。

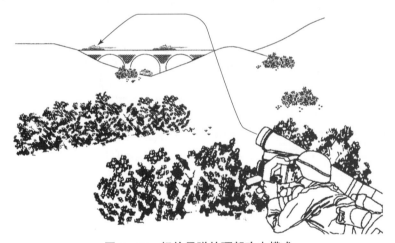

图 4-13 标枪导弹的顶部攻击模式

导弹飞行路径取决于与目标的距离,并由导弹的弹载软件自动确定。当攻击 2 000 m 距离上的目标时,导弹的最大飞行高度约为 160 m,如图 4-14 所示。如果目标位于保护结构下面时,使用顶部攻击模式将导致导弹在结构体上发生爆炸,而难以对目标造成有效毁伤。因此,射手可以选择直接攻击模式来打击采取顶部掩护的目标。

2. 直接攻击模式

只能在冷却导引头后和锁定目标前选择直接攻击模式。射手通过按下右手柄上的攻击选择开关,来改变攻击模式。在直接攻击模式下,导弹将沿着更直接的路径飞向目标,如图 4-15 所示。在这种模式下,导弹通常命中目标的某个侧面,它可能是前面、后面或两侧。采用直接攻击模式时,导弹的最短交战距离为 65 m。

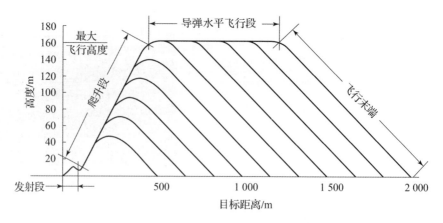

图 4-14 标枪导弹顶部攻击时的飞行路径

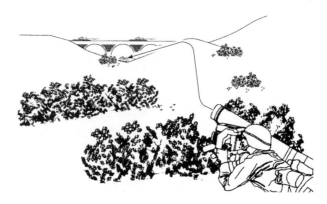

图 4-15 标枪导弹的直接攻击模式

导弹的飞行路径与到目标的距离直接相关,并由导弹的弹载软件自动确定,如图 4-16 所示。当目标的距离为 2 000 m 时,导弹的最大飞行高度可达 60 m 左右。这条较为水平的路径可使导弹能够攻击到防护结构下面的目标。

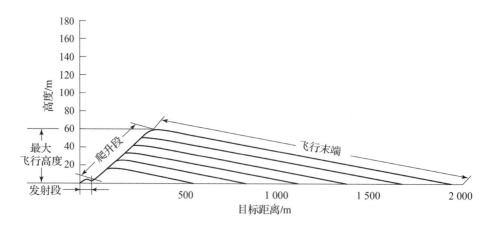

图 4-16 标枪导弹直接攻击时的飞行路径

4.2 TOW 式反坦克导弹武器系统及其配套弹药

BGM-71 TOW 式导弹是一种典型的重型反坦克导弹，TOW 是 "Tube-Launched, Optically-Tracked, Wire-Guided" 的缩写，即管式发射、光学跟踪、导线制导。

4.2.1 TOW 式反坦克导弹武器系统

TOW 式导弹是由休斯飞机公司（Hughes Aircraft Company）在 20 世纪 60 年代中后期开发的，面向地面发射和直升机发射两种应用方式进行设计。1997 年，休斯飞机公司被雷神公司收购，所以现在该导弹的研发和生产合同已归雷神公司所有。该导弹的生产合同于 1968 年签订。TOW 式反坦克导弹于 1970 年首次部署，是世界上使用最广泛的反坦克导弹之一，生产量超过 65 万枚。经过 50 多年的服役，该导弹仍然非常先进。目前，世界上超过 45 个国家使用 TOW 式反坦克导弹及其改进型号。TOW 式反坦克导弹武器系统及其发射场景如图 4-17 所示。

图 4-17 TOW 式反坦克导弹武器系统及其发射场景

在越南战争、阿以战争、两伊战争、海湾战争以及叙利亚战争中，TOW 式导弹摧毁了大量的坦克目标，实战证明它是一种非常有效的反坦克武器。

该武器系统通常配置给 3 人的班组，班组成员包括组长、射手和副射手。在步兵携行方式下，TOW 导弹的发射器安装在便携式三脚架上，导弹装在一个密封的发射筒内，发射筒同时也是包装筒，发射前将发射筒安装在发射器上。导弹的发射装置可由班组成员拆卸和携行。

TOW 式导弹最初的型号采用导线制导方式，其最大射程为 3 000 m，能够穿透 430 mm 的 RHA 装甲。TOW 式导弹系统被广泛配置在各种车辆上，如 HMMWV（High Mobility Multi-purpose Wheeled Vehicle，高机动多用途轮式车辆）通用车辆、M2 步兵战车、M3 骑兵战车、Stryker 轮式战车、LAV-25 战车等。

1. 基本组成

TOW 式反坦克导弹武器系统由目标获取系统（Target Acquisition System，简称 TAS）、火控系统（Fire Control System，简称 FCS）、电源（Battery Power Source，简称 BPS）、改进的 M220A2 型旋转装置（Traversing Unit，简称 TU）、发射管、三脚架等组成，如图 4-18 所示。对于步兵旅战斗队，TOW 式导弹通常安装在 M1121 型 HMMWV 车上。

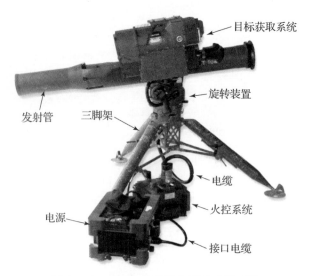

图 4-18 TOW 式反坦克导弹武器系统

目标获取系统用于目标的探测、识别和分类。该系统能够提供目标的距离信息，并内置了性能检测功能。在打击目标时，目标获取系统可以使射手控制飞行的导弹。该系统能够为射手提供全天时的高功率双目观测能力，它具有宽、窄两种视场模式，可使射手在夜间或能见度有限的情况下跟踪目标。在使用三脚架时，电源通过火控系统为目标获取系统供电；当采用 M1121 型 HMMWV 车载时，目标获取系统可以采用车载电源，也可采用系统的自带电源供电。

火控系统相当于 TOW 式导弹系统的大脑，它接收目标和导弹的信息，并向导弹发送指令，以引导导弹命中目标。火控系统还包含测试电路，在发射前射手可用它来测试目标获取系统的状态。

电源由 4 块串联在一起的银锌电池组成，在下车操作时为 TOW 式导弹系统提供电力。处于车载状态时，车载电源继电器自动选择 HMMWV 车上的电源，而节省 TOW 式导弹自带电源的电量，直到车载电池的电压低于 23.5 V 时，才切换到导弹系统的自带电源，并将该状态显示在目标获取系统的显示器上。

旋转装置为目标获取系统和发射管提供了一个稳定的安装底座，以便射手能够跟踪目标、发射导弹和进行导弹的制导。该装置可以安装在三脚架上或通过旋转装置适配器安装在 M1121 型 HMMWV 车上。

发射管位于封闭的导弹发射筒的前端，它可以在导弹飞行的初始阶段提供机械引导。

在下车操作时，三脚架为目标获取系统提供一个稳定的平台。

2. 目标获取系统

目标获取系统可以发射所有现有和未来的 TOW 式导弹。通过白光/夜视仪，该系统可实现全天时和在能见度有限的条件下发现目标。该系统包括一个远距测距装置，能够精确确定目标的距离。

目标获取系统有夜视、白光两个瞄准装置，每个瞄准装置有宽、窄两种视场，因此共有四种不同的组合。这些组合包括夜视宽视场、夜视窄视场、白光宽视场和白光窄视场。夜视瞄准装置能够提供 4 倍宽视场和 12 倍窄视场的目标观察能力，如图 4-19 所示。宽视场的观察范围为 8°，而窄视场的观察范围为 2.7°。射手可以使用宽视场来寻找潜在的目标，但当目标距离较远时，射手的分辨率将受到限制。窄视场用于目标的识别和攻击，并能够满足毁伤评估的要求。窄视场的观测区域仅为宽视场的 1/3 左右，这可以使射手更清楚地观察目标的细节，从而确定某个物体是否是目标，以及是友军还是敌军。

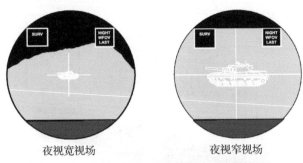

图 4-19　目标获取系统的夜视瞄准装置的视场

在监视模式下，放大功能能够将夜视装置的放大倍数加倍，从而使宽视场的放大倍数由 4 倍增大到 8 倍，使窄视场的放大倍数由 12 倍增大到 24 倍。如果选择了跟踪波门或导弹解除保险后，放大功能将自动恢复到状态框中显示的夜视视场。

白光瞄准装置具有与夜视瞄准装置相同的宽、窄两个视场，如图 4-20 所示。

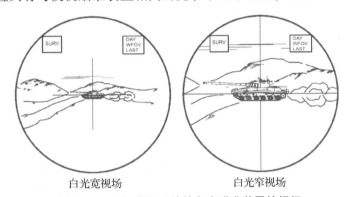

图 4-20　目标获取系统的白光瞄准装置的视场

TOW 式导弹武器系统具有辅助目标跟踪功能，这种功能可有效降低射手常见的抖动现象，从而实现在最大射程时平滑地跟踪目标，进而增加导弹命中目标的概率。辅助目标跟踪功能仅能在夜视瞄准模式下使用。如果射手必须用白光瞄准装置瞄准目标，则必须手动跟踪目标。使用手动跟踪时，射手必须保持十字准星压在目标的中心位置，直至导弹命中该目标为止。使用辅助目标跟踪功能时，射手首先激活跟踪波门，将其放置在目标周围，然后调整波门至目标大小，并锁定在目标上。接下来，射手只要保持目标在视场范围内，跟踪波门就会停留在目标周围，并跟随目标移动（如果目标移动的话）。然而，当系统解除保险后，在扣动扳机和导弹飞行期间，射手必须保持十字准星压住目标。

3. 筒装导弹

TOW 式武器系统的弹药采用密封筒包装，该筒既是储存包装筒，也是发射筒。筒装导弹的弹筒上包括弹筒前环、快速释放卡箍、定位耳、弹筒后环、隔板、湿度指示器、电气接口、防护盖、定位销等组件，如图 4-21 所示。在储存和运输过程中，弹筒前环和快速释放卡箍可以为导弹提供保护。定位耳与旋转装置上的定位销配合起来，将筒装导弹锁定到位。弹筒后环在储存和运输过程中为导弹提供保护。隔板装有湿度指示器，并起到防水密封的作用。湿度指示器用于显示筒内的湿度水平。电气接口与旋转装置上的脐带连接器配合，用于提供所有的电信号。防护盖用于保护电气接口。定位销用于保护剪切销。

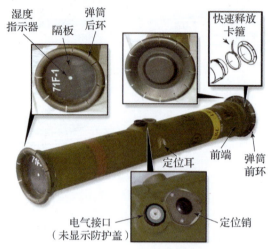

图 4-21　TOW 式筒装导弹

4.2.2　配套弹药

TOW 式导弹配套几种不同的导弹型号，每一种型号都有特定的打击目标。截至 2005 年 1 月，美国陆军在伊拉克自由行动和持久自由行动中，共发射 846 枚 TOW 2A 型导弹、3 205 枚 TOW 2B 型导弹和 175 枚 TOW BB 型导弹，三种型号的 TOW 式导弹共计 4 226 枚，而同期实战中发射的标枪反坦克导弹仅为 607 枚。

1. 基本型 TOW 式导弹

TOW 式导弹的基本型号是在 20 世纪 60 年代研发的，如图 4-22 所示。该型导弹最初的设计射程为 3 000 m，能够穿透 430 mm 的 RHA 装甲。除了标示为 AERO 的部分型号，TOW 式导弹的射程均为 3 750 m。基本型 TOW 式导弹的弹体直径为 6 in，而它的战斗部直径为 5 in，并在导弹的圆弧形鼻锥部有一个碰炸开关。当导弹撞击目标时，该碰炸开关闭合，进而引爆战斗部。该型导弹可采用成型装药战斗部或训练用战斗部。目前，在美国陆军的库存中几乎没有基本型 TOW 式导弹，它们仅用于训练。

2. 改进型 TOW 式导弹

改进型 TOW 式导弹是第一种带有杆式探头的 TOW 式导弹，其英文名称为 Improved TOW，简称 ITOW，于 1976 年装备美国陆军，如图 4-23 所示。这种杆式探头的设计，可以使成型装药战斗部获得有利炸高，因此在原有直径为 5 in 的成型装药战斗部的基础上提高了导弹的装甲侵彻能力。该型导弹能够穿透 630 mm 的装甲。在杆式探头和后部的鼻

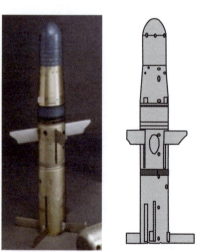

图 4-22　基本型 TOW 式导弹

锥之间有一个碰炸开关,当导弹碰击目标时碰炸开关闭合,进而引爆战斗部。ITOW 的射程为 3 750 m,它可选用成型装药战斗部或训练用战斗部。目前,在美国陆军的库存中几乎没有 ITOW 导弹,它们仅用于训练。

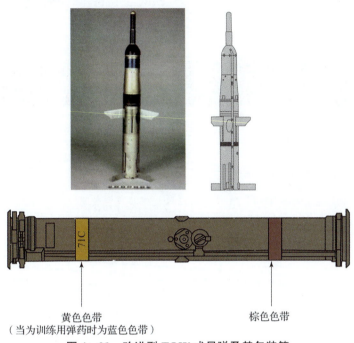

图 4-23 改进型 TOW 式导弹及其包装筒

3. TOW 2 型导弹

TOW 2 型导弹是 TOW 式导弹的升级版本,于 1983 年进入美国陆军服役,如图 4-24 所示。TOW 2 型导弹有一个增强的跟踪链接和一个直径为 6 in 的战斗部。增强的跟踪链接允许它在各种环境条件下被成功引导,其中包括雨、烟雾等条件。该型导弹采用直径更大、重量更重的战斗部,其战斗部直径增大到 6 in,重量约为 5.9 kg,可以装填更多的炸药,从而提高了导弹的威力。该型导弹能够穿透 900 mm 的钢质装甲。TOW 2 型导弹也有一个带碰炸开关的杆式探针,可提高导弹的破甲能力,与 ITOW 式导弹相同,当导弹撞击目标时碰炸开关闭合,进而引爆战斗部。此外,该型导弹配备一个更强大的火箭发动机,能够提供约 30% 以上的额外推力。TOW 2 型导弹的射程为 3 750 m,它可选用成型装药战斗部或训练用战斗部。该型导弹的生产量超过 77 000 枚。

4. TOW 2A 型导弹

TOW 2A 型导弹于 1987 年面世,它与 TOW 2 型导弹的外形非常相似,如图 4-25 所示,其不同在于杆式探针的内部结构。

TOW 2A 型导弹采用串联破甲战斗部,在杆式探针内部有一个前置战斗部装药,如图 4-26 所示。当杆式探针撞击目标时会接通碰炸开关,进而引爆前置战斗部。在短暂的延迟之后,导弹的主战斗部被引爆。前置战斗部的使用可有效对付安装反应装甲的装甲车辆,使反应装甲提前引爆,从而消除其对主战斗部破甲能力的影响。该型导弹在引爆爆炸反应装甲后,仍能够穿透 900 mm 的钢质装甲。TOW 2A 型导弹的射程为 3 750 m,其战斗部直径为 6 in,可选用成型装药战斗部或训练用战斗部。

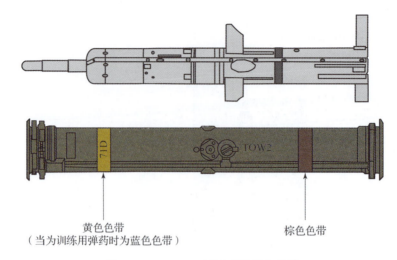

图 4-24 TOW 2 型导弹及其包装筒

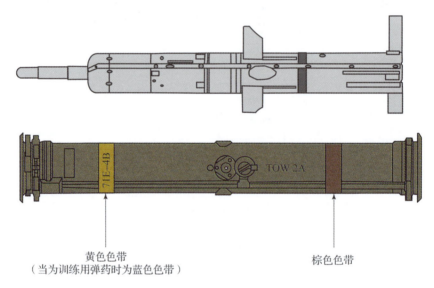

图 4-25 TOW 2A 型导弹及其包装筒

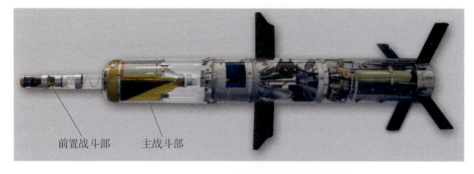

图 4-26 TOW 2A 型导弹的串联破甲战斗部

从 TOW 2A 型导弹开始，TOW 式导弹开始生产有线和无线两种不同指令传输方式的导弹，无线方式的导弹不需要对发射装置进行特殊的改装。目前，已有超过 3.4 万枚的 TOW 2A 型导弹交付部队。M1134 型反坦克导弹车发射 TOW 2A 型导弹的场景如图 4 – 27 所示。

图 4 – 27　M1134 型反坦克导弹车发射 TOW 2A 型导弹的场景

5. TOW 2B 型导弹

随着多层反应装甲的出现，传统的串联战斗部已难以有效毁伤这些装甲车辆。为此，美军研制装备了 TOW 2B 型导弹。该型导弹于 1987 年面世，于 1992 年装备美军部队，如图 4 – 28 所示。该型导弹可以从顶部攻击目标，英文称为 Fly – Over – Shoot – Down，简称 FOSD。

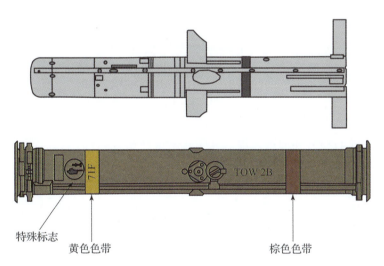

图 4 – 28　TOW 2B 型导弹及其包装筒

TOW 2B 型导弹具有两个目标传感器：一个用于识别装甲车辆上常用的钢铁材质；另一个是光学传感器，它可以确定目标何时处于导弹的下方。这两个传感器都是必需的，以区分地面上的目标和导弹正飞过的地面背景。在 TOW 2B 型导弹的包装筒上涂有导弹特殊攻击模式的标志，如图 4 – 29 所示，以表明该型导弹是从目标的上方来实施攻击的。

图 4-29　TOW 2B 型导弹包装筒上的特殊标志

TOW 2B 型导弹有两个 EFP（Explosively Formed Penetrator，爆炸成型侵彻体或爆炸成型弹丸）战斗部，如图 4-30 所示。当上述的两个传感器都确定目标后，战斗部起爆。爆炸形成的高速侵彻体将向下攻击目标的顶部，而这个位置通常是装甲车辆的薄弱部位。

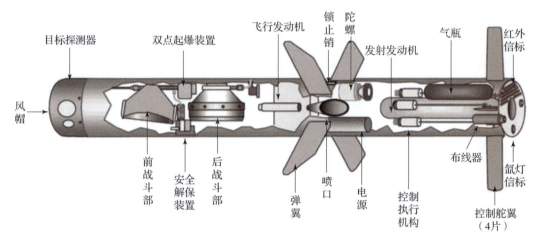

图 4-30　TOW 2B 型导弹的 EFP 战斗部

TOW 2B 型导弹的弹头部为圆弧形，如图 4-31 所示，其内部装有碰炸开关。因此，当飞行中导弹的头部受到撞击后，其战斗部也会发生爆炸。该型导弹的最大射程为 4 200 m，并且该型导弹不能采用训练用战斗部。

图 4-31　飞行中的 TOW 2B 型导弹

该型导弹的有线型和无线型都进行了生产。2003 年,美国海军陆战队使用该导弹摧毁了几辆伊拉克的 T-72 坦克,这也是 TOW 2B 导弹的首次实战运用。然而,在阿富汗的作战行动中,TOW 2B 型导弹被发现不如 TOW 2A 型导弹有效。

6. TOW 2B AERO 型导弹

TOW 2B AERO 型导弹是 TOW 2B 型导弹的增程型号,如图 4-32 所示。该型导弹的有效射程为 4 500 m,相比 TOW 式导弹之前型号的 3 750 m 的射程提高不少。TOW 2B AERO 型导弹射程的增加源于在 TOW 2B 型导弹基础上的两个小的改动。首先,对于有线型 TOW 2B 导弹,增加了制导导线的长度;其次,在弹头部采用了更好空气动力学结构的鼻锥。这种改动使导弹在当前动力系统的条件下,实现了最大射程的增加。TOW 2B AERO 型导弹的目标探测器和战斗部与 TOW 2B 型导弹相同。

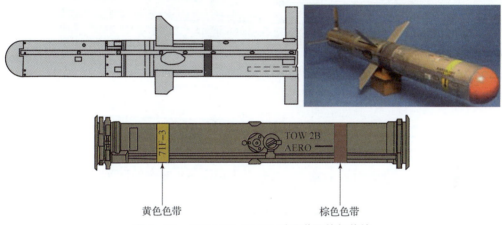

图 4-32 TOW 2B AERO 型导弹及其包装筒

增加的射程和更快的飞行速度,使得战场指挥官具备了更强的战场塑造能力。因为该型导弹可使射手在远超敌方车载武器的射程之外发起攻击,从而提高了己方的战场生存能力和作战的灵活性。TOW 2B AERO 型导弹于 2005 年开始初步生产,有无线和有线两种类型。TOW 2B AERO 型导弹不能采用训练用战斗部,其打击装甲目标的实验场景如图 4-33 所示。

图 4-33 TOW 2B AERO 型导弹打击坦克目标的实验场景

7. TOW BB 型导弹

TOW BB 型导弹是一种专门打击混凝土工事的弹药,其英文名称为 TOW Bunker Buster,

因此简称 TOW BB。该型导弹是在 TOW 2A 型导弹的基础上发展而来的,如图 4-34 所示。该型导弹的射程为 3 750 m,可以摧毁碉堡、破除石墙等目标,特别适合在城市作战中使用。该型导弹具有无线和有线两种类型。

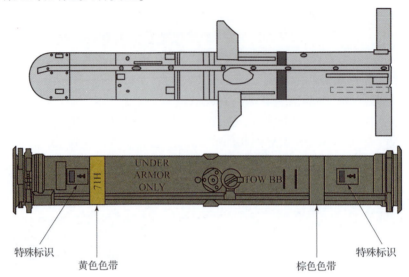

图 4-34　TOW BB 型导弹及其包装筒

TOW BB 型导弹的头部有碰炸开关,当导弹撞击目标时发生爆炸。该型导弹的战斗部直径为 6 in,它不能采用训练用战斗部。该型导弹能够打穿 8 in 厚的钢筋混凝土墙,或三层砖构筑的墙。

发射该型导弹时应具备一定的防护条件,因为导弹的解保距离为 35~65 m,而该型导弹的爆炸危险距离为 400 m,在这一距离上暴露的人员可能会受到导弹或目标破片的杀伤。在实战中,受到支援的地面部队应被告知导弹爆炸可能造成的危害,进而做好相应的防护,以避免误伤友军部队。战场指挥官和 TOW 式导弹的射手必须确保目标附近的地面部队处于加固结构的后侧。在允许的情况下,TOW 式导弹的射手应与地面部队保持通信,以降低自相残杀的可能性。

通常,TOW BB 型导弹能够在 8 in 厚的钢筋混凝土墙上开出直径为 22~23 in 的洞,如图 4-35 所示。然而,一个携带突击装备的士兵要想穿过该洞,洞的大小至少要 48 in 高和 22 in 宽。因此,射手将需要发射更多的导弹,以扩大墙壁上孔洞的尺寸。

根据美军标准,在城市环境中通常采用两枚 TOW BB 型导弹在钢筋混凝土墙上开出可供单人通过的缺口。首先,射手确定墙体缺口的开设位置,而后用十字线瞄准,并扣下扳机发射导弹,跟踪目标直到导弹命中。发射第二枚导弹时,用

图 4-35　TOW BB 型导弹在 8 in 厚钢筋混凝土墙上开出的洞

十字线瞄准第一枚导弹产生的缺口的边缘,扣下扳机发射第二枚导弹,如图 4-36 所示。导弹能否在钢筋混凝土墙上开出可供单兵穿过的缺口,取决于导弹的命中精度,在实际中可能

存在部分钢筋仍保持完好的情况。

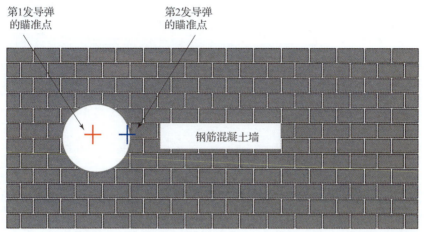

图 4-36　在钢筋混凝土墙上开设缺口时两枚 TOW BB 型导弹之间的瞄准点关系

TOW BB 型导弹非常适合摧毁土木结构的地堡目标,如图 4-37 所示。如果从正面射击,仅需 1 枚导弹就能将其摧毁。如果从侧面射击,则需要两枚导弹,以确保能够彻底摧毁地堡,如图 4-38 所示。其中第一枚导弹清除外表面的沙袋防护,第二枚导弹摧毁地堡的木质结构。

图 4-37　美军标准的土木结构地堡

命中1枚导弹后　　　　　　　　　　命中2枚导弹后
图 4-38　TOW BB 型导弹对土木结构地堡的毁伤效果

第 5 章
迫击炮武器及其配套弹药

间瞄火力支援对机动部队作战的胜利与否起着重要作用。迫击炮可提供建制内的火力支援，能够为机动部队提供快速即时的间接火力。迫击炮具有高曲射弹道，可以打击反斜面目标，而这些目标难以使用直瞄火力进行攻击。尽管迫击炮是整个火力支援系统的一部分，但是迫击炮作战分队在陆地战场上发挥着独特而重要的作用。美国陆军旅战斗队主要装备三种口径的迫击炮，分别是口径为 60 mm 的轻型迫击炮、口径为 81 mm 的中型迫击炮、口径为 120 mm 的重型迫击炮。

5.1 轻型迫击炮及其配套弹药

美国陆军装备的轻型迫击炮是 M224 型 60 mm 轻型连级迫击炮系统，其英文名称为 M224 60 - mm Lightweight Company Mortar System，简称 LWCMS。该型迫击炮主要为步兵旅战斗队的连级部队提供有效的火力支援。它的射程相对较短，弹药的威力较小，但可以通过仔细规划和娴熟操作来弥补这些不足。无论是否有射击指挥中心，该型迫击炮都能够进行准确的射击。

5.1.1 轻型迫击炮

M224 型迫击炮主要由五部分组成：M225 型火炮总成、M170 型两脚架、M7 型座钣、M8 型辅助座钣和 M61A1 型光学瞄准装置。该型迫击炮有两种运用模式，分别是炮架模式和手持模式，如图 5-1 所示。当发射角度太小，依靠炮弹自身重量无法触发底火时，可以使用握把上的扳机来发射炮弹。M224 型迫击炮的重要数据如表 5-1 所示。

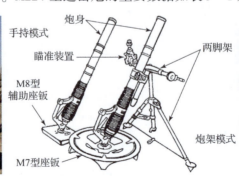

图 5-1 M224 型迫击炮的主要结构及运用模式

表 5-1　M224 型迫击炮的重要数据

性能特征		炮架模式	手持模式
质量	整个系统	46.5 lb	18.0 lb
	M225 型火炮总成	14.4 lb	14.4 lb
	M170 型两脚架	15.2 lb	—
	M64A1 型瞄准装置	2.5 lb	—
	M7 型座钣	14.4 lb	—
	M8 型辅助座钣	—	3.6 lb
距离	最小安全射程	70 m	75 m
	最大有效射程	3 490 m	1 340 m
射速	最大　M720/M888 型弹药	前 4 min 内为 30 发/min	采用 0 号和 1 号装药发射时没有射速限制
	最大　M49A4 型弹药	第 1 min 为 30 发/min,下 4 min 为 18 发/min	
	持续　M720/M888 型弹药	20 发/min	
	持续　M49A4 型弹药	8 发/min	
激发模式	下落击发	可以	仅限 0 号和 1 号装药
	手动击发	可以	在 1 号装药以上时不行
携行方式		1、2、3 人均可	1 人

根据美军现行编制,每个轻型迫击炮班由三人组成,分别是班长、炮手和弹药手。射击时,炮班班长处于能够更好地控制整个炮班的位置上。通常,他位于迫击炮的右边,面对着迫击炮。在美军的编制中,迫击炮班班长同时也是射击指挥中心的成员。炮手位于迫击炮的左侧,便于操纵瞄准装置、升降手柄等。在班长或弹药手的协助下,炮手可通过移动两脚架的方式来大角度地调整迫击炮的方位角。弹药手通常位于迫击炮的右后方,负责准备弹药,并协助炮手移动迫击炮和装填弹药。每发射 10 发炮弹或完成射击任务后,弹药手还负责擦拭保养迫击炮身管。另外,要想迅速有效地完成任务,迫击炮班所有成员必须精通各自的技能;每个班成员还要接受交叉训练,具备执行所有迫击炮射击任务的能力。

5.1.2　配套弹药

根据用途,迫击炮配套弹药可分为三种主要类型,分别是杀爆弹、烟幕弹和照明弹。杀爆弹用于压制或杀伤敌方的步兵、迫击炮班组和其他支援武器,并阻止人员、车辆和补给在敌方的阵地前沿移动。烟幕弹可用于隐藏部队,以便己方机动或实施攻击,也可用于遮蔽敌方视线,使敌方火力无法确定目标具体位置。另外,烟幕弹可用于标识目标,从而为其他火力(通常是飞机)确定目标位置提供便利。照明弹用来显示隐藏在黑暗中的敌军位置,它能够使己方部队确认敌军存在与否,而不会暴露己方部队武器的位置。

1. M720 型 60 mm 迫击炮杀爆弹

M720 型 60 mm 迫击炮杀爆弹配套于 M224 型迫击炮,是连级部队重要的间接支援火力,主要用于杀伤暴露的或位于散兵坑内的敌有生力量,以及摧毁轻型车辆、轻型掩体等类型的目标。

该型迫击炮弹由引信、弹体、闭气环、基本药管、尾翼组件和 4 个附加药盒组成,弹体内部装填 Comp B 炸药,如图 5 - 2 所示。

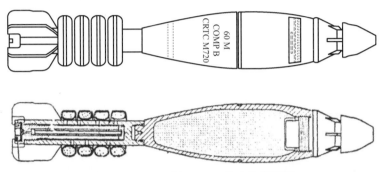

图 5 - 2 M720 型 60 mm 迫击炮杀爆弹

当炮弹从口部装入炮管时,依靠重力的作用,会滑向炮管底部。随后,炮管底部的击针会撞击基本药管上的底火,引燃基本药管内的药剂,进而通过传火孔引燃附加药盒。发射药产生的高压燃气会使闭气环沿径向膨胀,达到闭气的效果,并推动弹丸加速。该炮弹的飞行稳定性是依靠尾翼自身,以及略带偏角的尾翼产生的自旋作用而实现的。M720 型 60 mm 迫击炮杀爆弹的重要参数如表 5 - 2 所示。M720 型 60 mm 迫击炮杀爆弹的发射装药及其弹道参数如表 5 - 3 所示。

表 5 - 2 M720 型 60 mm 迫击炮杀爆弹的重要参数

全重 (含引信)	全长 (含引信)	弹体颜色	装药	
			类型	质量
3.75 lb	14.84 in	橄榄绿	Comp B	0.42 lb
基本药管	附加药盒	撞击底火	尾翼	引信
M702 型	M204 型	M35 型	M27 型	M734 型

表 5 - 3 M720 型 60 mm 迫击炮杀爆弹的发射装药及其弹道参数

装药号	装药量		炮口初速/fps	最小射程/m	最大射程/m
0	基本药管		210	70	400
1	基本药管	1 个附加药盒	415	250	1 340
2	基本药管	2 个附加药盒	560	350	2 150
3	基本药管	3 个附加药盒	680	500	2 890
4	基本药管	4 个附加药盒	810	650	3 490

2. M888 型 60 mm 迫击炮杀爆弹

M888 型 60 mm 迫击炮杀爆弹配套于 M224 型迫击炮,主要用于杀伤敌军有生力量,摧毁其轻型车辆或土木工事等目标。该型迫击炮弹由引信、弹体、闭气环、基本药管、尾翼组件和 4 个附加药盒组成,弹体内部装填 Comp B 炸药,如图 5-3 所示。M888 型 60 mm 杀爆弹的重要参数如表 5-4 所示。

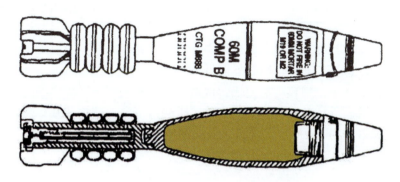

图 5-3　M888 型 60 mm 迫击炮杀爆弹

表 5-4　M888 型 60 mm 迫击炮杀爆弹的重要参数

全重 (含引信)	全长 (含引信)	弹体颜色	装药	
			类型	质量
3.90 lb	14.71 in	橄榄绿	Comp B	0.79 lb
基本药管	附加药盒	撞击底火	尾翼	引信
M702 型	M204 型	M35 型	M27 型	M935 型

3. M721 型 60 mm 迫击炮照明弹

M721 型 60 mm 迫击炮弹是一种照明弹,可由 M224 型迫击炮发射,如图 5-4 所示。该型迫击炮弹由机械时间引信、弹体、推出组件、带降落伞的照明炬、基本药管和 4 个附加药盒组成。该型迫击炮弹的最大射程为 3 490 m,能够产生发光强度为 40 万 cd 的照明,持续时间为 40 s。M721 型 60 mm 照明弹的重要参数如表 5-5 所示。

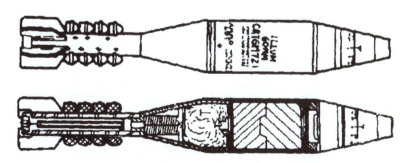

图 5-4　M721 型 60 mm 迫击炮照明弹

表 5-5　M721 型 60 mm 迫击炮照明弹的重要参数

全重	全长	弹体颜色	有效载荷	
3.76 lb	16.58 in	白色	照明炬	降落伞
基本药管	附加药盒	尾翼	引信	
M702 型	M204 型	M27 型	M776 型机械时间	

4. M767 型 60 mm 迫击炮红外照明弹

M767 型 60 mm 迫击炮弹是一种红外照明弹,可由 M224 型迫击炮发射,如图 5-5 所示。该型迫击炮弹通常与夜视仪一起使用,以避免暴露与敌军近距离接触的友军的位置。该型迫击炮弹由机械时间引信、弹体、推出组件、带降落伞的照明炬、基本药管和 4 个附加药盒组成。它的最大射程为 3 490 m,能够产生发光强度为 500 cd 的红外照明,持续时间约为 40 s。M767 型 60 mm 迫击炮红外照明弹的重要参数如表 5-6 所示。

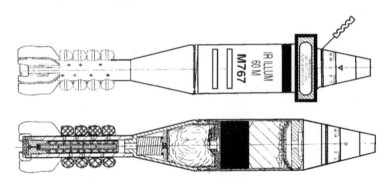

图 5-5　M767 型 60 mm 迫击炮红外照明弹

表 5-6　M767 型 60 mm 迫击炮红外照明弹的重要参数

全重	全长	弹体颜色	有效载荷	
3.76 lb	16.58 in	白色弹体+橙色色带	红外照明炬	降落伞
基本药管	附加药盒	尾翼	引信	
M702 型	M204 型/M235 型	M27 型	M776 型机械时间	

5. M722A1 型 60 mm 迫击炮发烟弹

M722A1 型 60 mm 迫击炮弹是一种白磷发烟弹,可由 M224 型迫击炮发射,主要用于指示战场目标,如图 5-6 所示。该型迫击炮弹由弹体、碰炸/延期引信、炸药柱、白磷、尾翼、基本药管、闭气环和 4 个附加药盒组成。在弹体的内部装满了白磷,这是该型弹药的有效载荷,用于产生烟雾。

弹药着靶时,在冲击的作用下引信将炸药柱引爆,进而使弹体破裂,同时把白磷抛洒出来。暴露在空气中的白磷将迅速形成浓密的烟雾。M722A1 型 60 mm 迫击炮发烟弹的重要参数如表 5-7 所示。

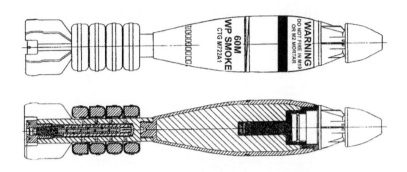

图 5-6　M722A1 型 60 mm 迫击炮发烟弹

表 5-7　M722A1 型 60 mm 迫击炮发烟弹的重要参数

全重	全长	弹体颜色	有效载荷
3.79 lb	14.84 in	浅绿色弹体 + 1 条黄色色带	白磷
基本药管	附加药盒	尾翼	引信
M702 型	M204 型	M27 型	M783 型碰炸/延期引信

需要注意的是，白磷是一种高度易燃的化学物质，由磷的同素异形体制成。它与空气接触就会发生自燃，并产生浓密的白烟。白磷被认为是一种有毒物质，当通过皮肤吸收、摄入或吸入时，会对内脏造成严重伤害。当燃烧的白磷颗粒接触到皮肤时，就会产生热烧伤和化学烧伤。由于白磷在脂肪中的高溶解度，它有可能深入皮肤，并迅速燃烧暴露的身体区域，直至骨骼为止。当取下绷带，烧伤部位再次暴露在氧气中，烧伤创面也会再次点燃。在军事上，白磷广泛应用于各种弹药中，这些弹药主要具有四种用途：①遮蔽功能，白磷产生的烟雾能够形成浓厚的遮蔽屏障；②照明功能，燃烧着的白磷能够产生明亮的白光，在夜间可照亮大面积区域；③信号功能，白磷产生的白烟可用作标示目标位置的信号；④纵火功能，白磷可引燃目标区域的易燃物质。

6. M769 型 60 mm 迫击炮全射程目标训练弹

M769 型 60 mm 迫击炮弹是一种全射程目标训练弹，配套于 M224 型轻型迫击炮系统。该型迫击炮弹由引信、空心弹体、闭气环、基本药管、尾翼组件和 4 个附加药盒组成，如图 5-7 所示。弹体内部安装了一个排气管，下部的外壁上还开了 4 个排气孔。该型弹药的弹体外形与 M720 型迫击炮杀爆弹类似。

当迫击炮弹从炮口装填后，依靠重力的作用自由下滑，并撞击位于炮管底部的击针，使炮弹的底火发火。底火点燃基本药管，进而通过传火孔点燃附加药盒。发射药快速燃烧产生的高压燃气加速弹体，使其飞出炮管。当炮弹撞击地面或目标时，引信发生作用，其内部的烟火药产生闪光、烟雾和可听到的声响，以模拟杀爆弹的爆炸效果。在作用时，塞子从位于弹丸底部的孔中被推出，从而建立了烟雾排出的通道。M769 型 60 mm 迫击炮全射程目标训练弹的重要参数如表 5-8 所示。

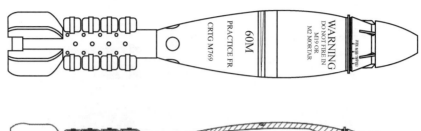

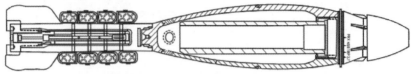

图 5-7 M769 型 60 mm 迫击炮全射程目标训练弹

表 5-8 M769 型 60 mm 迫击炮全射程目标训练弹的重要参数

全重（含引信）	全长（含引信）	弹体颜色	有效载荷
3.75 lb	14.88 in	蓝色弹体+棕色色带	无（为空弹体）
基本药管	附加药盒	底火	尾翼	引信
M702 型	M235 型	M35 型	M27 型	M775 型碰炸

7. M766 型 60 mm 迫击炮短射程目标训练弹

M766 型 60 mm 迫击炮弹是一种短射程目标训练弹，配套于 M224 型轻型迫击炮系统，如图 5-8 所示。它是为了提供逼真的低成本训练而开发的。

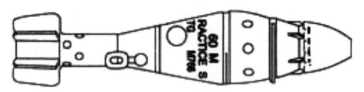

图 5-8 M766 型 60 mm 迫击炮短射程目标训练弹

通过设备进行弹药翻新，M766 型迫弹可以重复发射 10 次到 24 次，因此它可以大规模降低训练成本，并允许在范围有限的靶场内训练。M766 型迫击炮弹的重量为 1.3 kg（2.9 lb），最大射程约为 530 m，着靶时可以产生闪光、声响和烟雾特征。M766 型 60 mm 迫击炮短射程目标训练弹的装药号及其弹道参数如表 5-9 所示。

表 5-9 M766 型 60 mm 迫击炮短射程目标训练弹的装药号及其弹道参数

装药号	炮口初速/(m/s)	最小射程/m	最大射程/m
0	50	40	250
1	58	55	330
2	66	70	420
3	75	85	530

5.2 中型迫击炮及其配套弹药

美国陆军装备的中型迫击炮是 M252 型 81 mm 迫击炮。该型迫击炮的射程和威力比 M224 型轻型迫击炮大，而重量相比重型迫击炮要轻，可以由人员远距离携行，能够满足受援部队对火力及时性和准确性的要求。

5.2.1 中型迫击炮

M252 型 81 mm 迫击炮由 M253 型火炮总成、M177 型两脚架、M3A1 型座钣、炮口冲击波衰减器和光学瞄准装置组成，如图 5 – 9 所示。M252 型 81 mm 迫击炮的重要数据如表 5 – 10 所示。

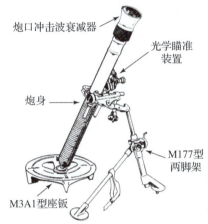

图 5 – 9 M252 型 81 mm 迫击炮的结构组成

表 5 – 10 M252 型 81 mm 迫击炮的重要数据

质量	整个系统	93 lb
	火炮总成（含炮口冲击波衰减器）	35 lb
	M177 型两脚架	27 lb
	M3A1 型座钣	29 lb
	瞄准装置	约 2 lb
射程	最小射程	83 m
	最大射程	5 608 m
射速	持续射速	15 发/min
	最大射速	30 发/min（前 2 min）

根据美军现行编制，每个中型迫击炮班由 4 人组成，分别是班长、主炮手、副炮手、弹药手。在炮阵地上，班长站在迫击炮后面便于指挥控制所属炮班的位置上。班长负责

监督迫击炮的安放、布设和发射操作，以及其他本班活动。主炮手位于迫击炮的左边，负责操纵瞄准装置、高低手轮和方位手轮。副炮手位于迫击炮的右边，面对迫击炮准备装弹。除了装填弹药，每发射 10 发炮弹或完成射击任务后，副炮手还负责擦拭保养迫击炮身管。弹药手位于迫击炮的右后方，负责保管射击用弹药，进行弹药准备并将其交给副炮手，以及为迫击炮阵地提供警戒。另外，他还担任本班的驾驶员。迫击炮班各成员在炮阵地上的位置如图 5-10 所示。

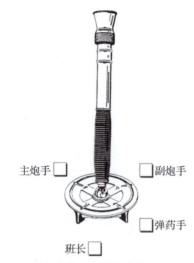

图 5-10　迫击炮班各成员在炮阵地上的位置

5.2.2　配套弹药

根据作战用途，M252 型 81 mm 迫击炮配套弹药可分为三种主要类型，即杀爆弹、发烟弹和照明弹。

1. M821 型 81 mm 迫击炮杀爆弹

M821 型 81 mm 迫击弹是一种杀爆弹，可由 M252 型 81 mm 迫击炮发射，用于杀伤敌军有生力量和轻型车辆目标，如图 5-11 所示。

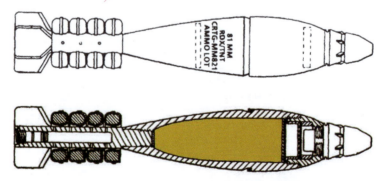

图 5-11　M821 型 81 mm 迫击炮杀爆弹

该型迫击炮弹采用典型的迫击炮弹结构，其弹体内装有 1.6 lb 的 RDX/TNT 混合装药，其重要参数如表 5-11 所示。

表 5 – 11 M821 型 81 mm 迫击炮杀爆弹的重要参数

全重	全长	弹体颜色	装药	
			类型	质量
8.96 lb	20.1 in	橄榄绿（黄色弹药标识）	RDX/TNT	1.6 lb
基本药管	附加药盒	尾翼	引信	
L33A1 型	M205 型	TV180 型	多功能型	

2. M889 型 81 mm 迫击炮杀爆弹

M889 型 81 mm 迫击炮弹是一种杀爆弹，可由 M252 型 81 mm 迫击炮发射，用于杀伤敌军有生力量和轻型车辆目标，如图 5 – 12 所示。

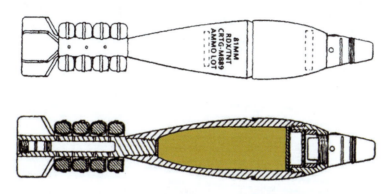

图 5 – 12 M889 型 81 mm 迫击炮杀爆弹

该型迫击炮弹采用典型的迫击炮弹结构，其弹体内装有 1.6 lb 的 RDX/TNT 混合装药，其重要参数如表 5 – 12 所示。

表 5 – 12 M889 型 81 mm 迫击炮杀爆弹的重要参数

全重	全长	弹体颜色	装药	
			类型	质量
8.96 lb	20.0 in	橄榄绿（黄色弹药标识）	RDX/TNT	1.6 lb
基本药管	附加药盒	尾翼	引信	
L33A1 型	M205 型	TV180 型	M935 型碰炸引信	

3. M889A1 型 81 mm 迫击炮杀爆弹

M889A1 型 81 mm 迫击炮弹是一种杀爆弹，可由 M252 型 81 mm 迫击炮发射，用于杀伤敌军有生力量和轻型车辆目标，如图 5 – 13 所示。

该型迫击炮弹采用典型的迫击炮弹结构，相比 M889 型迫击炮弹，M889A1 型迫击炮弹的装药量更大，其弹体内装填 2.05 lb 的 B 炸药。M889A1 型 81 mm 迫击炮杀爆弹的重要参数如表 5 – 13 所示。

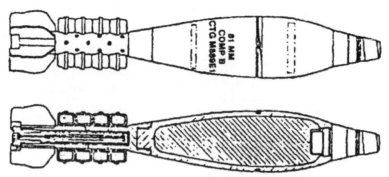

图 5-13　M889A1 型 81 mm 迫击炮杀爆弹

表 5-13　M889A1 型 81 mm 迫击炮杀爆弹的重要参数

全重	全长	弹体颜色	装药	
			类型	质量
9.22 lb	19.67 in	橄榄绿（黄色弹药标识）	Comp B	2.05 lb
基本药管	附加药盒	底火	尾翼	引信
M299 型	M220 型	M35 型	M24 型	M935 型碰炸引信

4. M816 型 81 mm 迫击炮红外照明弹

M816 型 81 mm 迫击炮弹是一种红外照明弹，可由 M252 型迫击炮发射，如图 5-14 所示。该型迫击炮弹通常与夜视仪一起使用，以避免暴露与敌军近距离接触的友军的位置。该型迫击炮弹由机械时间引信、弹体、推出组件、带降落伞的照明炬、基本药管和 4 个附加药盒组成。它能够产生一定强度的红外照明，持续时间约为 60 s。M816 型 81 mm 迫击炮红外照明弹的重要参数如表 5-14 所示。

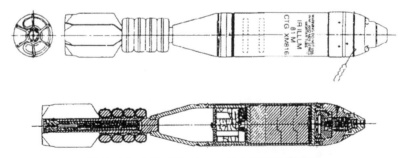

图 5-14　M816 型 81 mm 迫击炮红外照明弹

表 5-14　M816 型 81 mm 迫击炮红外照明弹的重要参数

全重	全长	弹体颜色	有效载荷	
9.25 lb	25.49 in	白色弹体（黑色标识）+1 条橙色色带	红外照明炬	降落伞
基本药管	附加药盒	尾翼	引信	
M752A1 型	M219 型	M29 型	M772 型机械时间	

5. M819 型 81 mm 迫击炮发烟弹

M819 型 81 mm 迫击炮弹是一种发烟弹,可由 M252 型迫击炮发射,主要用于战场迷茫,如图 5 – 15 所示。该型迫击炮弹的弹体内部装有红磷发烟块,这是该型弹药的有效载荷,用于产生烟雾。M819 型 81 mm 迫击炮发烟弹的重要参数如表 5 – 15 所示。

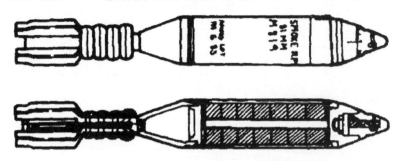

图 5 – 15　M819 型 81 mm 迫击炮发烟弹

表 5 – 15　M819 型 81 mm 迫击炮发烟弹的重要参数

全重	全长	弹体颜色	有效载荷	
			类型	质量
10.7 lb	25.5 in	浅绿色弹体（黑色标识）+1 条棕色色带	红磷	2.6 lb
基本药管	附加药盒	尾翼	最大射程	炮口初速	引信
M752 型	M218 型	M28 型	5 000 m	279 m/s	M772 型

6. M879 型 81 mm 迫击炮全射程目标训练弹

M879 型 81 mm 迫击炮弹是一种全射程目标训练弹,可由 M252 型迫击炮发射,主要用于射击训练,如图 5 – 16 所示。该型迫击炮弹与同口径的杀爆型迫击炮弹具有相同的弹道,并能够产生类似杀爆弹爆炸的声、光、烟雾等效果。

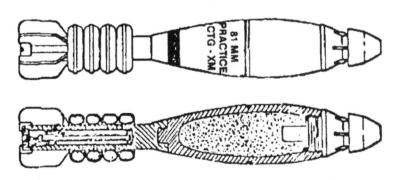

图 5 – 16　M879 型 81 mm 迫击炮全射程目标训练弹

M879 型 81 mm 迫击炮全射程目标训练弹的弹体内装填惰性物质,此惰性物质不能发生燃烧或爆炸效果,它是依靠引信中的烟火药来发出声、光、烟等效果的。该型迫击炮弹的重要参数如表 5 – 16 所示。

表 5-16 M879 型 81 mm 迫击炮全射程目标训练弹的重要参数

全重 (含引信)	全长 (含引信)	弹体颜色	惰性填充物质量
9.4 lb	19.55 in	蓝色弹体（白色标识）+1 条棕色色带	2.05 lb
基本药管	附加药盒	尾翼	最大射程	引信
M299 型	M220 型	M24 型	5 700 m	M751 型

7. M880 型 81 mm 迫击炮短射程目标训练弹

M880 型 81 mm 迫击炮弹是一种短射程目标训练弹，可由 M252 型迫击炮发射，其射程仅为同口径迫击炮弹的 1/10 左右，主要用于射击训练。通过设备进行弹药翻新，M880 型迫弹可以被重复射击多达 10 次，能够极大地降低射击训练成本。该型迫击炮弹由引信、带排气孔的空心弹体、尾翼组件、闭气环、基本药管和 3 个塑料塞构成，不包含附加药盒或药包，如图 5-17 所示。

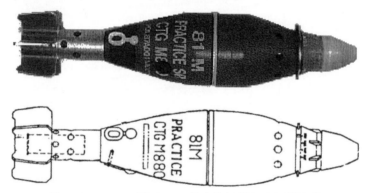

图 5-17 M880 型 81 mm 迫击炮短射程目标训练弹

该型迫击炮弹的射程取决于射击前取下的塑料塞的数量，因为塑料塞的去除可使部分燃气从曾堵塞的孔洞中泄出，造成炮膛压力下降，从而最终影响迫击炮弹的射程。M880 型 81 mm 迫击炮短射程目标训练弹的设定方式及其弹道参数如表 5-17 所示。

表 5-17 M880 型 81 mm 迫击炮短射程目标训练弹的设定方式及其弹道参数

装药号	弹药设定方式	炮口速度/(m/s)	最小射程/m	最大射程/m
0	取下 3 个塑料塞	55	45	290
1	取下 2 个塑料塞	60	55	345
2	取下 1 个塑料塞	65	65	400
3	不取下塑料塞	70	70	490

当弹药命中目标或地面时，引信中的烟火药将被点燃，进而产生声、光、烟雾等效果，以模拟杀爆型迫击炮弹的作用效果。M880 型 81 mm 迫击炮短射程目标训练弹的重要参数如表 5-18 所示。

表 5-18 M880 型 81 mm 迫击炮短射程目标训练弹的重要参数

全重	全长	弹体颜色	有效载荷	引信
6.84 lb	14.5 in	蓝色弹体（白色标识）+1 条棕色色带	无（为空弹体）	M775 型

5.3 重型迫击炮及其配套弹药

美军装备的 120 mm 迫击炮可以为机动部队提供近距离和连续的间接火力支援。120 mm 迫击炮比 81 mm 和 60 mm 迫击炮的射程和杀伤力都要大，但是迫击炮及其配套弹药也更重一些。

5.3.1 重型迫击炮

美军装备的 120 mm 迫击炮有三种型号：M120 型拖曳式迫击炮（the Trailer – Mounted M120 Mortar Stowage Kit，简称 MSK）、Stryker 车辆装载的车载式迫击炮（the Stryker – Mounted RMS6 – L Recoiling Mortar）和 M121 型自行式迫击炮（the Vehicle – Mounted M121 Mortar），如图 5-18 所示。它们分别装备于美国陆军的步兵旅战斗队、Stryker 旅战斗队和装甲旅战斗队。

图 5-18 美军装备的三种型号重型迫击炮

1. M120 型拖曳式迫击炮

根据美军现行编制，每个 M120 型拖曳式迫击炮班由 4 名成员组成，分别是班长、主炮手、副炮手、弹药手。在阵地上，班长站在迫击炮的后面，以便指挥和控制本炮班的行动。班长负责监督迫击炮的安放、布设和发射操作，以及本班其他活动。主炮手位于迫击炮的左边，负责操纵瞄准装置、高低手轮和方位手轮。副炮手位于迫击炮的右边，面对迫击炮准备装弹。除了装填弹药，每发射 10 发炮弹或完成射击任务后，副炮手还负责擦拭保养迫击炮身管。当主炮手大幅度调整迫击炮时，副炮手还需提供一定的协助。弹药手位于迫击炮的右后方，负责保管射击用弹药，进行弹药准备并将其交给副炮手，以及为迫击炮阵地提供警戒。另外，他还担任本班的驾驶员。迫击炮班各成员在炮阵地上的位置如图 5-19 所示。

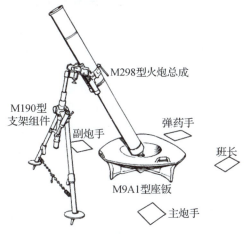

图 5-19 迫击炮班各成员在炮阵地上的位置

美军装备的 M120 型 120 mm 迫击炮的重要数据如表 5-19 所示。

表 5-19　M120 型 120 mm 迫击炮的重要数据

质量	M298 型火炮总成	110.0 lb
	M190 型地面用支架组件（用于 M120 型迫击炮）	70.0 lb
	M9A1 型座钣	136.0 lb
	M67 型瞄准装置	2.9 lb
射程	最小射程	200 m
	最大射程	7 200 m
射速	持续射速	4 发/min
	最大射速	16 发/min（第 1 min 内）
杀伤半径		70 m

为了提高战场机动能力，M120 型迫击炮通常采用拖曳方式，如图 5-20 所示。它是通过 M326 型 120 mm 迫击炮装卸系统将迫击炮放在 M1101 型两轮拖车上，拖车通常由 HMMWV 通勤车辆拖曳。

图 5-20　采用拖曳方式机动的 120 mm 迫击炮

M326 型装卸系统可实现 120 mm 迫击炮在 M1101 型拖车上的快速装卸作业，将迫击炮从拖车上放到地面仅需 20 s。该系统可实现迫击炮身管、座钣和两脚架的整体装卸，这极大地提高了迫击炮部署和转移的速度，同时减少了炮班的工作量，并最大限度地降低了与装配、拆卸、储存和运输相关的风险，以及磨损对装备的损害等。整门迫击炮的放置或回收均由液压驱动的绞车完成，另外还有一套手动升降绞车和皮带，作为紧急情况下的备用设施。

在 M1101 型拖车上，共有三个弹药架，其中两个弹药架安装在 M1101 型拖车的两侧，如图 5-21 所示，第三个安装在拖车的前部。每个弹药架可容纳 8 发带包装的弹药。为了便于放弹和取弹，两侧的弹药架以 10°的倾角安装。安装在拖车前部的弹药架主要用于需要垂直储存的弹药。

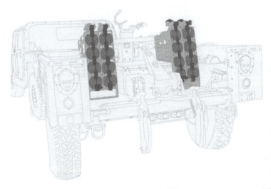

图 5-21　M1101 型拖车上的弹药架

采用 HMMWV 通勤车辆拖曳时，整个炮班的车内座位和操作站位如图 5-22 所示。

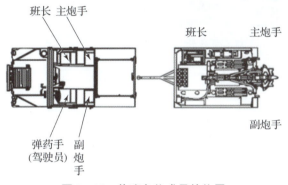

图 5-22　炮班各位成员的位置

2. Stryker 车辆装载的车载式迫击炮

M1129 型迫击炮车是在 Stryker 步兵运输车的基础上改造而来的，具有很强的机动能力，如图 5-23 所示。虽然 Stryker 系列车辆均采用相同的动力，但 M1129 型迫击炮车有一个更为坚固的悬挂系统，相比 M1126 型步兵运输车也更宽一些。M1129 型迫击炮车能够在复杂地形和城市环境中为地面部队提供高射角机动火力支援。M1129 型迫击炮车的反冲式迫击炮系统结合了 M120/M121 型迫击炮的一些特性。该迫击炮的炮管与 M120/M121 型迫击炮完全相同，只是在后膛盖上增加了一个外部肩台，以便将炮管安装到后坐力系统中。RMS6-L 120 mm 迫击炮系统的后坐装置可有效降低传递到车辆上的后坐力。

图 5-23　M1129 型迫击炮车

M1129 型迫击炮车共有 5 名成员,分别为驾驶员、炮班班长(兼车长)、弹药手、主炮手和副炮手,他们乘车时的具体座位如图 5 – 24 所示。弹药手位于班长左侧,并面向班长。主炮手和副炮手的座位位于车体的后部,其中主炮手坐在车的右后部,面向车辆的前方;而副炮手坐在车辆的左后部,面对着迫击炮的炮口冲击波衰减装置。在 M1129 型迫击炮车驾驶舱内安装有一台 M95 型迫击炮火控系统显示器,以提示驾驶员根据射击方向来部署车辆。与基本型步兵运输车相比,该车驾驶舱的配置或操作方法没有其他明显区别。M1129 型迫击炮车没有配备遥控武器站,这使其独特的班长/车长舱与众不同。同时,由于无须配备遥控武器站的显示器,因此为班长/车长舱安装其他视频显示终端提供了更多的空间。

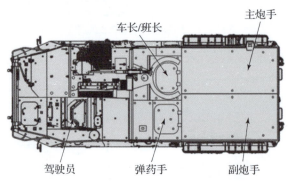

图 5 – 24　M1129 型迫击炮车的乘员位置

M1129 型迫击炮车装备两套武器系统,分别是 120 mm 迫击炮和位于班长舱口的 M240B 型通用机枪。另外,根据营携行标准和连携行标准,该车还携带一门 81 mm 迫击炮或一门 60 mm 迫击炮,同时该车具有携带这三种口径迫击炮弹的能力。M1129 型迫击炮车与 Stryker 步兵运输车具有相同的装甲防护能力。M1129 型迫击炮车的上部开设两扇舱门,以供迫击炮的射击使用,如图 5 – 25 所示。两扇舱门的长度很大,从班长、弹药手的位置一直开到车辆的尾部。每扇舱门重约 400 lb,开启/关闭需要大约 65 lb 的力。

图 5 – 25　M1129 型迫击炮车的车体上部舱门

除主炮之外,根据部队级别的不同,M1129 型迫击炮车还携带不同型号的轻、中型迫击炮,以满足下车作战的需求。在营属迫击炮排的炮车上,携带一门 81 mm 口径的 M252/M252A1 型中型迫击炮;而在排属迫击炮分队的炮车上,携带一门 60 mm 口径的 M224/M224A1 型轻型迫击炮。

M1129 型迫击炮车的永久性弹药架位于车体后部的左侧,在该弹药架上仅能储存 120 mm

的迫击炮弹，如图 5-26 所示。为了容纳这个弹药架，移除了车体舱壁上的部分防弹衬层，同时为了保持相同的防护水平，在这个区域增加了更多的装甲。在车载弹药储存系统中还包括位于车体后部右侧的模块化弹药架，该弹药架能够储存 60 mm、81 mm 和 120 mm 口径的弹药，如图 5-27 所示。

图 5-26 标准配备的弹药架　　　　　图 5-27 车体后部右侧的弹药架

根据车辆配置的不同，车载弹药的储存组合方式也不尽相同。对于营属迫击炮排，其装备的 M1129 型迫击炮车能够储存 60 枚 120 mm 迫击炮弹。其中，在车体后部左侧的弹药架上能够储存 48 枚 120 mm 迫击炮弹，在这些弹药中 24 枚水平放置，另 24 枚垂直放置。另外，在车体后部右侧的弹药架上能够储存 12 枚 120 mm 迫击炮弹或 35 枚 81 mm 迫击炮弹。对于连属迫击炮分队，其装备的 M1129 型迫击炮车能够储存 120 mm 和 60 mm 口径的迫击炮弹。其中，在车体后部左侧的弹药架上能够储存 48 枚 120 mm 迫击炮弹，这种配置与营属迫击炮车相同；另外，在车体后部右侧的弹药架上能够储存 77 枚 60 mm 迫击炮弹。

3. M121 型自行式迫击炮

M121 型 120 mm 自行式迫击炮可安装在 M1064A3 系列装甲迫击炮车上，该车是在 M113A3 型装甲人员输送车的基础上改造而来的。该车是一种履带式装甲车辆，具有很强的战场机动能力，如图 5-28 所示。

图 5-28 安装 M121 型 120 mm 自行式迫击炮的 M1064A3 系列装甲迫击炮车

M1064A3 系列装甲迫击炮车的结构简图如图 5-29 所示。车体采用全焊接铝装甲，能够有效防护各种轻武器和炮弹破片的杀伤，而且车体的正面防护水平最高。驾驶员坐在车辆前部的左侧，柴油动力组在右侧。该系列迫击炮车的重要数据如表5-20所示。

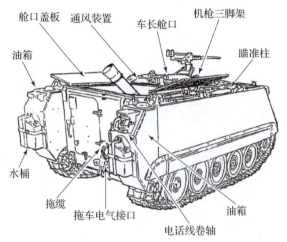

图 5-29　M1064A3 系列装甲迫击炮车结构简图

表 5-20　M1064A3 系列装甲迫击炮车的重要数据

战斗全重	空运全重	乘员数量	油箱容量	地面速度	水中速度
28 240 lb	23 360 lb	4 人	95 gal①	40 mph	3.6 mph
巡航距离	跨壕宽度	过垂直墙高度	推重比	携弹量	
				12.7 mm 机枪弹	120 mm 迫击炮弹
300 mi	66 in	24 in	19.6 hp/t	2 000 发	69 发

安装在后部的 120 mm 迫击炮是通过车体上部的舱口向外射击的，如图 5-30 所示。该舱口的舱门由 3 扇组成，其中两扇连在一起开向车体的右侧，另一扇舱门开向车体的左侧。

图 5-30　120 mm 迫击炮向外射击的舱口

在车体的左侧携带一个迫击炮座钣，根据战术情况需要，它可满足迫击炮下车射击时使用，如图 5-31 所示。

---

① 　1 gal（美制）= 3.785 L。

图 5-31 车体外侧携带的迫击炮座钣

M121 型 120 mm 迫击炮配套杀爆弹、发烟弹、普通照明弹、红外照明弹、目标训练弹等多种弹药。其中，发射 M933 型 120 mm 杀爆弹时的射程相关数据如表 5-21 所示，该型迫击炮弹的最大射速为每分钟 15 发，持续射速为每分钟 4 发。

表 5-21 M933 型 120 mm 迫击炮杀爆弹的射程相关数据

发射药号	炮口速度/(m/s)	最小射程/m	最大射程/m
0	101	200	1 000
1	165	500	2 500
2	220	850	4 100
3	270	1 200	5 800
4	318	1 600	7 200

5.3.2 配套弹药

1. M933 型 120 mm 迫击炮杀爆弹

M933 型 120 mm 迫击炮弹是一种杀爆弹，可由美军装备的 120 mm 口径迫击炮发射，如图 5-32 所示。该型迫击炮弹主要依靠爆炸产生的空气冲击波和高速破片杀伤有生力量和装备器材等目标。

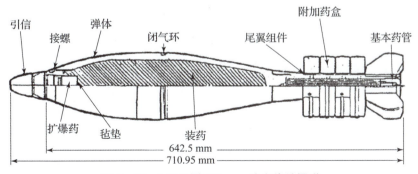

图 5-32 M933 型 120 mm 迫击炮杀爆弹

该型迫击炮弹采用典型的迫击炮弹结构,弹体内装有 6.59 lb 的 Comp B 炸药,其重要参数如表 5-22 所示。

表 5-22 M933 型 120 mm 迫击炮杀爆弹的重要参数

全重	全长	弹体颜色	装药	
			类型	质量
31.2 lb	710.95 mm	橄榄绿(黄色弹药标识)	Comp B	6.59 lb
基本药管	附加药盒	尾翼组件	引信	
M981 型	M230 型	M31 型	M745 型碰炸	

2. M934 型 120 mm 迫击炮杀爆弹

M934 型 120 mm 迫击炮弹是一种杀爆弹,可由美军装备的 120 mm 口径迫击炮发射,如图 5-33 所示。该型迫击炮弹主要依靠爆炸产生的空气冲击波和高速破片杀伤有生力量和装备器材等目标。

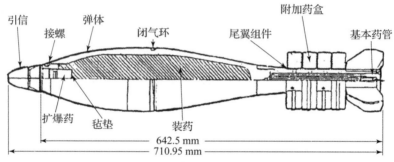

图 5-33 M934 型 120 mm 迫击炮杀爆弹

除配套的引信外,该型迫击炮弹的其他重要参数与 M933 型迫击炮弹相同。该型迫击炮弹采用典型的迫弹结构,弹体内装有 6.59 lb 的 Comp B 炸药,其重要参数如表 5-23 所示。

表 5-23 M934 型 120 mm 迫击炮杀爆弹的重要参数

全重	全长	弹体颜色	装药	
			类型	质量
31.2 lb	710.95 mm	橄榄绿(黄色弹药标识)	Comp B	6.59 lb
基本药管	附加药盒	尾翼组件	引信	
M981 型	M230 型	M31 型	M734 多功能型	

3. M934A1 型 120 mm 迫击炮杀爆弹

M934A1 型 120 mm 迫击炮弹是一种杀爆弹,可由美军装备的 120 mm 口径迫击炮发射,如图 5-34 所示。该型迫击炮弹主要依靠爆炸产生的空气冲击波和高速破片杀伤有生力量和装备器材等目标。

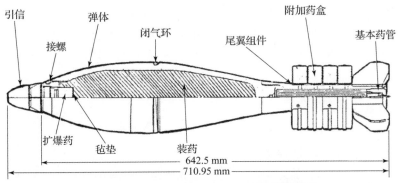

图 5-34 M934A1 型 120 mm 迫击炮杀爆弹

除基本药管、附加药盒和引信外，该型迫击炮弹的其他重要参数与 M934 型迫击炮弹相同。它采用典型的迫弹结构，弹体内装有 6.59 lb 的 Comp B 炸药，其重要参数如表 5-24 所示。

表 5-24 M934A1 型 120 mm 迫击炮杀爆弹的重要参数

全重	全长	弹体颜色	装药	
			类型	质量
31.2 lb	710.95 mm	橄榄绿（黄色弹药标识）	Comp B	6.59 lb
基本药管	附加药盒	尾翼组件	引信	
M1020 型	M234 型	M31 型	M734A1 多功能型	

4. M57 型 120 mm 迫击炮杀爆弹

M57 型 120 mm 迫击炮弹是一种装填 TNT 炸药的杀爆弹，可由美军装备的 120 mm 口径迫击炮发射，如图 5-35 所示。该型迫击炮弹主要用于杀伤敌方有生力量和轻型器材等目标。

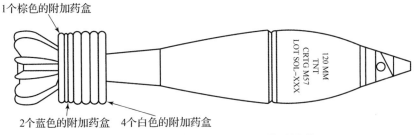

图 5-35 M57 型 120 mm 迫击炮杀爆弹

该型迫击炮弹弹体采用高破片率钢制作，内部装填 4.63 lb（2 100 g）的 TNT 炸药，其重要参数如表 5-25 所示。

表 5-25 M57 型 120 mm 迫击炮杀爆弹的重要参数

全重	全长	弹体颜色	装药		引信
			类型	质量	
28.65 lb	665 mm	橄榄绿（黄色弹药标识）	TNT	4.63 lb	M935 型碰炸

5. M983 型 120 mm 迫击炮红外照明弹

M983 型 120 mm 迫击炮弹是一种红外照明弹，可由美军装备的 120 mm 口径迫击炮发射，如图 5-36 所示。该型迫击炮弹主要配合夜视装备使用，可有效降低己方部队暴露给敌军的风险。

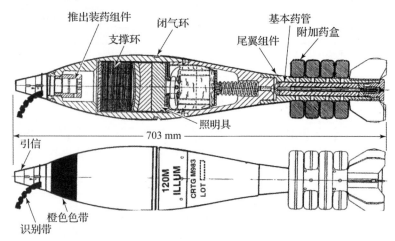

图 5-36　M983 型 120 mm 迫击炮红外照明弹

该型迫击炮弹采用伞式照明炬，能够提供 50 s 的红外照明，其重要参数如表 5-26 所示。

表 5-26　M983 型 120 mm 迫击炮红外照明弹的重要参数

全重	全长	弹体颜色		装填物质量
31.2 lb	703 mm	白色（黑色弹药标识 + 橙色色带）		2.65 lb
基本药管	附加药盒	尾翼组件	引信	发光强度	照明时间
M981 型	M230 型	M31 型	M776 型机械时间	500 cd	50 s

6. M930 型 120 mm 迫击炮普通照明弹

M930 型 120 mm 迫击炮弹是一种普通照明弹，可由美军装备的 120 mm 口径迫击炮发射，如图 5-37 所示。

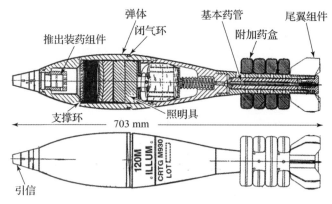

图 5-37　M930 型 120 mm 迫击炮普通照明弹

该型迫击炮弹采用伞式照明炬,能够提供 50 s 的红外照明,其发光强度可达 100 万 cd。M930 型 120 mm 迫击炮普通照明弹的重要参数如表 5-27 所示。

表 5-27 M930 型 120 mm 迫击炮普通照明弹的重要参数

全重	全长	弹体颜色			装填物质量
31.2 lb	703 mm	白色(黑色弹药标识)			2.65 lb
基本药管	附加药盒	尾翼组件	引信	发光强度	照明时间
M981 型	M230 型	M31 型	M776 型机械时间	100 万 cd	50 s

7. M91 型 120 mm 迫击炮普通照明弹

M91 型 120 mm 迫击炮弹是一种普通照明弹,可由美军装备的 120 mm 口径迫击炮发射,如图 5-38 所示。

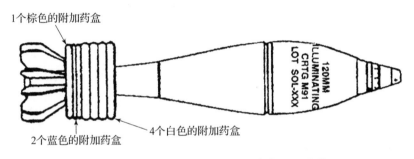

图 5-38 M91 型 120 mm 迫击炮普通照明弹

该型迫击炮弹采用伞式照明炬,能够提供 50 s 的红外照明,其发光强度可达 100 万 cd。M91 型 120 mm 迫击炮普通照明弹的重要参数如表 5-28 所示。

表 5-28 M91 型 120 mm 迫击炮普通照明弹的重要参数

全重	全长	弹体颜色	装填物质量	引信	发光强度	照明时间
27 lb	665 mm	白色(黑色弹药标识)	2.65 lb	M776 型机械时间	100 万 cd	50 s

8. M929 型 120 mm 迫击炮白磷发烟弹

M929 型 120 mm 迫击炮弹是一种白磷发烟弹,可由美军装备的 120 mm 口径迫击炮发射,如图 5-39 所示。该型迫击炮弹主要利用白磷的自燃现象,作纵火或烟雾遮障之用。

该型迫击炮弹利用弹体中部炸药管的爆炸作用将弹体炸碎,并将内部装填的浸渍有白磷的 144 枚毛毡片抛撒开来,随后毛毡片上的白磷发生自燃,产生高温和烟雾。毛毡片的燃烧时间大约为 2 min,其发烟效果大约为 M328A1 型发烟弹的 2 倍。M929 型 120 mm 迫击炮白磷发烟弹的重要参数如表 5-29 所示。

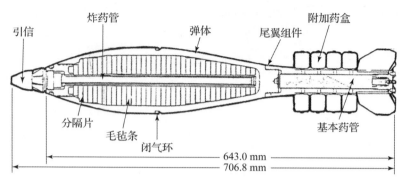

图 5-39　M929 型 120 mm 迫击炮白磷发烟弹

表 5-29　M929 型 120 mm 迫击炮白磷发烟弹的重要参数

全重	全长	弹体颜色		装填物质量
31.2 lb	706.8 mm	浅绿色（浅红色弹药标识+黄色色带）		5.28 lb
基本药管	附加药盒	尾翼组件	引信	炸药管	发烟/燃烧时间
M981 型	M230 型	M31 型	M734A1 多功能型	M86 型	2 min

9. M931 型 120 mm 迫击炮目标训练弹

M931 型 120 mm 迫击炮弹是一种目标训练弹，可由美军装备的 120 mm 口径迫击炮发射，如图 5-40 所示。该型迫击炮弹主要用于射击训练，其飞行弹道与 M933 型和 M934 型杀爆弹类似，并能够产生类似杀爆弹爆炸时的特征，例如闪光、烟尘和声响等。

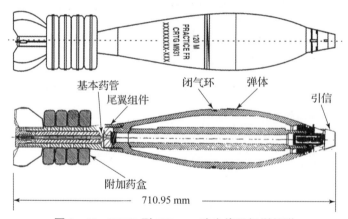

图 5-40　M931 型 120 mm 迫击炮目标训练弹

当弹丸碰击目标或地面时，引信中的烟火药剂被点燃，从而产生闪光、烟尘和声响。M931 型 120 mm 迫击炮目标训练弹的重要参数如表 5-30 所示。

表 5-30　M931 型 120 mm 迫击炮目标训练弹的重要参数

全重	全长	弹体颜色	装填物	基本药管	附加药盒	引信
31.2 lb	710.95 mm	蓝色（白色弹药标识）	无	M1005 型	M233 型	M781 型碰炸

第 6 章
榴弹炮武器及其配套弹药

野战炮兵的任务是通过火力整合来摧毁、击溃或扰乱敌人，使作战指挥员在一体化地面作战中处于主导地位。当前，美国陆军主要使用五种野战火炮武器系统：M119 型 105 mm 轻型牵引式榴弹炮、M777 型 155 mm 中型牵引式榴弹炮、M109 型 155 mm 自行式榴弹炮、M142 型高机动火箭发射系统和 M270A1 型多管火箭发射系统。其中前三种武器系统属于榴弹炮武器，装备于美国陆军的旅战斗队；而后两种属于火箭炮系统，装备于美国陆军的野战炮兵旅。

6.1 轻型牵引式榴弹炮及其配套弹药

6.1.1 轻型牵引式榴弹炮

M119 型 105 mm 火炮是一种轻型牵引式榴弹炮，是在英国 L118 型轻型榴弹炮的基础上改进而成的，主要装备美国陆军部队，型号包括 M119、M119A1、M119A2 和 M119A3。该火炮操作人员有 5~7 名，可为高度机动的轻型步兵师或独立旅提供直接和间接的火力支援。该型榴弹炮能够快速移动和布置，以最小的战斗负载重量提供最大的火力。由于具有较低的外形轮廓，该火炮不需要挖驻锄坑。以上因素，使 M119 型榴弹炮成为美国陆军部队最致命的武器系统之一。M119 型 105 mm 火炮及其射击时的场景如图 6-1 所示。

图 6-1　M119 型 105 mm 火炮及其射击时的场景

1987 年，美国获得生产 M119 型火炮的许可，由美国岩岛兵工厂（Rock Island Arsenal）生产，以替代老旧的 M102 型榴弹炮。1989 年 12 月，该型火炮列装位于加利福尼亚州 Fort

Ord 的第 7 步兵师。1991 年 7 月，M119A1 榴弹炮部署到第 82 空降师。1992 年 8 月，该榴弹炮部署到第 101 空中突击师。目前，M119 型火炮装备了美军所有正规部队和国民警卫队的步兵旅级战斗队，其中包括第 10 山地师、第 82 空降师、第 101 空中突击师和第 173 空降旅级战斗队。在其他师级部队中，M119 型火炮通常以火力营的形式装备轻型步兵旅级战斗队，而重型装甲旅级战斗队通常装备 M109A6 Paladin 自行火炮，中型 Stryker 旅级战斗队通常装备 M777 型火炮。例如，在第 25 步兵师的 4 个步兵旅级战斗队中有 2 个装备了 M119 型火炮。国民警卫队步兵旅级战斗队的轻型野战炮兵营也装备了 M119 型火炮，如总部位于佛蒙特州（Vermont）的第 86 山地步兵旅级战斗队。2009 年 4 月，第 3 步兵师第 4 步兵旅级战斗队也装备了 M119A2 榴弹炮，为在阿富汗和伊拉克的行动提供了更好的火力支援。该旅是师中唯一装备 M119 火炮的旅，其他三个旅都是重型旅，因而装备 M109A6 Paladin 自行火炮。

2013 年 7 月，美军第 101 空中突击师第 320 野战炮兵团第 1 营的阿尔法炮兵连获得了第一辆升级的 M119A3 榴弹炮，并于 2014 年 2 月初被部署到阿富汗东北部，成为第一个在战区使用该榴弹炮的部队。M119A3 榴弹炮进行了数字化升级，包括 GPS 导航组件、数字化炮手显示器，以及每门炮与火力射向中心之间的数字通信，以加快接收射击数据和发射炮弹的操作过程。A3 型火炮保留了 A2 型的手动操作能力，因此在数字能力丧失的情况下，操作人员可以很容易地切换回模拟操作模式，继续执行火力支援任务。

在美国陆军中，M119 型火炮通常由 M1097 型高机动多用途轮式车辆拖曳，如图 6-2 所示。

图 6-2　由轻型车辆拖曳的 M119 型火炮

由于该型火炮全重仅为 2 320 kg，相比同口径的其他型号火炮重量很轻，因此能够由中、大型直升机调运，如 UH-60 黑鹰直升机、CH-47 支奴干直升机等，如图 6-3 所示，也可采用伞降方式部署，如图 6-4 所示。这些高效的机动能力，使 M119 型火炮在作战中非常灵活，并使美国轻型步兵师具备了建制内空运整个师属炮兵营的能力。

6.1.2　配套弹药

M119 型榴弹炮配套北约标准的 105 mm 半固定式弹药。这种弹药的弹丸和药筒在储存和运输状态时处于分离状态，发射前可以调整药筒中发射药包的数量，以获得不同的射程，而在装填炮膛时采用一次性装填方式，如图 6-5 所示。

图6-3 M119型榴弹炮采用空中调运的机动方式进行战场部署

图6-4 M119型榴弹炮采用空投伞降的机动方式进行战场部署

图6-5 M119型榴弹炮配套的半固定式弹药在储存和装填火炮时的状态

该型榴弹炮配套弹药主要包括 M1 型杀爆弹、M760 型杀爆弹、M314 型照明弹、M60/M60A2 型白磷发烟弹、M913 型火箭增程弹、M1130A1 型火箭增程弹、M548 型火箭增程弹、M915/M916 型子母弹等。

1. M1 型 105 mm 榴弹炮杀爆弹

M1 型 105 mm 榴弹炮弹是一种杀爆弹,可由美军装备的 M119 型榴弹炮发射,如图 6-6 所示。该型弹药主要依靠爆炸产生的空气冲击波和高速破片杀伤有生力量和装备器材等目标。

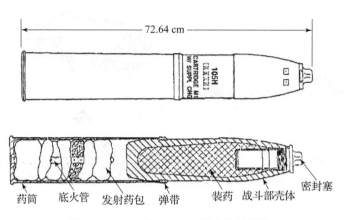

图 6-6　M1 型 105 mm 榴弹炮杀爆弹

该型弹药的弹丸头部呈流线型，弹尾为船尾式。在弹丸底部焊接一个底座盖，以降低发射过程中火药燃气对弹丸的热冲击作用。弹丸内部可装填 TNT 炸药，也可以装填 Comp B 炸药。在装药的上部留有引信室，该引信室有深、浅两种形式。为了防止运输和勤务过程中炸药的破碎，在引信室内置有空腔衬垫。在带有深引信室的弹丸内装有补充装药。对于采用浅引信室的弹丸或采用装有补充装药的深引信室的弹丸，仅能配用短引信；但如果将深引信室中的补充装药取出后，也可以配用长引信。该型弹药弹丸的口部装有防潮塞，在补充装药和防潮塞之间装有一个垫片，以限制在勤务过程中补充装药的窜动。

该型弹药的药筒内装有 7 个发射药包，每个发射药包上都印有编号。该型弹药采用长底火，该底火包括撞击发火部分和装有黑火药的带传火孔的长管。7 个带编号的发射药包用丙烯酸纤维绳按数字顺序绑在一起，它们围绕着底火的传火管，并由药筒底至药筒口部按照 1 号药包至 7 号药包的顺序放置。M1 型 105 mm 榴弹炮杀爆弹的重要参数如表 6-1 所示。

表 6-1　M1 型 105 mm 榴弹炮杀爆弹的重要参数

全重	全长（带防潮塞）	装药类型（二选一）及其质量			
		Comp B		TNT	
39.92 lb	28.60 in	5.08 lb（浅引信室）	4.60 lb（深引信室）	4.80 lb（浅引信室）	4.25 lb（深引信室）
弹体颜色		发射药	发射药质量	底火组件	引信
橄榄绿（黄色弹药标识)		M67 型	2.83 lb	M28A2 型或 M28B2 型	配用多种型号

2. M760 型 105 mm 榴弹炮杀爆弹

M760 型 105 mm 榴弹炮弹是一种杀爆弹，可由美军装备的 M119 型榴弹炮发射，如图 6-7 所示。该型弹药主要依靠爆炸产生的空气冲击波和高速破片杀伤有生力量和装备器材等目标。

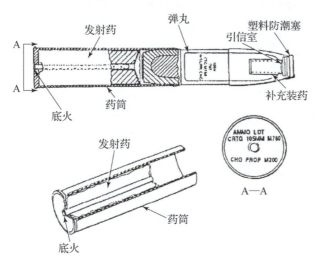

图 6-7 M760 型 105 mm 榴弹炮杀爆弹

该型弹药的弹丸由空心钢锻造而成，类似于 M1 型杀爆弹的弹丸。弹丸内部装填大约 4.6 lb (2.1 kg) 的 TNT 炸药。由于该型弹药采用 M200 型发射装药，因而弹丸内不能装填更为敏感的 Comp B 炸药。M200 型发射装药采用单药包包装方式，其药包内装有 4.25 lb (1.93 kg) 的 M30 型发射药。药包的中心有一个上下贯通的孔，长底火从该孔中穿过，便于整体点燃发射装药，提高发射时的点火效率。由于 M200 型发射装药的药量不能调整，因此该发射装药仅作为 8 号装药使用，用来打击远距离目标的场合。

该型弹药的药筒由 3 片钢板螺旋缠绕而成，如图 6-8 所示。药筒的口部可通过开卷而略微扩大，这可便于弹丸的底部插入药筒，但是如果药筒口部过分扩大，则会影响药筒的装膛。如果发生这种情况，可采用手动旋转的方式将药筒送入炮膛，这样做不会对弹药和发射安全产生不利影响。

图 6-8 由钢板螺旋缠绕而成药筒

该型弹药可配用多种型号的引信，例如碰炸型引信、延期型引信、近炸型引信等。M760 型 105 mm 榴弹炮杀爆弹的重要参数如表 6-2 所示。

表 6-2　M760 型 105 mm 榴弹炮杀爆弹的重要参数

全重	全长（带防潮塞）	弹丸装药		弹体颜色
		类型	质量	
39.92 lb	28.60 in	TNT	4.6 lb	橄榄绿（黄色弹药标识）
发射装药型号（单药包）	发射药型号	发射药重量	底火组件	引信
M200 型	M30 型三基药	4.25 lb	M28B2 型	配用多种型号

3. M314 型 105 mm 榴弹炮照明弹

M314 型 105 mm 榴弹炮弹是一种照明弹，可由美军装备的 M119 型榴弹炮发射，如图 6-9 所示。该型弹药主要用于指定战场区域的照明。

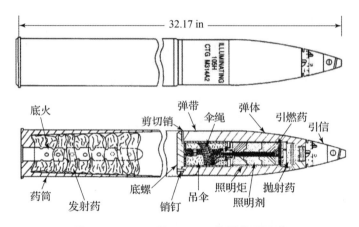

图 6-9　M314 型 105 mm 榴弹炮照明弹

该型照明弹为有伞式照明弹。根据预先设定的开仓时间，引信点燃抛射药，进而将吊伞照明炬系统推出，同时引燃照明炬内的引燃药。照明炬由吊伞悬挂，缓慢下落并照亮目标区域。这种照明弹具有照明时间长、发光强度稳定、作用比较可靠等优点。

该型弹药的药筒内装有 7 个发射药包，每个发射药包上都印有编号。该型弹药采用长底火，该底火包括撞击发火部分，和装有黑火药的带传火孔的长管。7 个带编号的发射药包用丙烯酸纤维绳按数字顺序绑在一起，它们围绕着底火的传火管，并由药筒底至药筒口部按照 1 号药包至 7 号药包的顺序放置。M314 型 105 mm 榴弹炮照明弹的重要参数如表 6-3 所示。

表 6-3　M314 型 105 mm 榴弹炮照明弹的重要参数

全重	全长	弹体颜色	装填物质量	药筒
46.43 lb	32.17 in	白色（黑色弹药标识）	1.74 lb	M14 型
发射药		底火	引信	
型号	质量			
M67 型	2.8 lb	M28A2 型或 M28B2 型	M501/M501A1 型机械时间	

4. M60 系列 105 mm 榴弹炮白磷发烟弹

M60 系列 105 mm 榴弹炮弹属于白磷发烟弹，可由美军装备的 M119 型榴弹炮发射，如图 6-10 所示。该型弹药主要用于战场迷茫和遮蔽，并兼具一定的纵火功能。M60 系列的白磷发烟弹包括三种具体的型号，即 M60 型、M60A1 型和 M60A2 型。三者的主要区别在于炸药管及其内部的炸药柱：M60 型采用钢质的 M5 型炸药管，内部装填特屈儿炸药；M60A1 型采用高强度铝质的 M53 型炸药管，内部装填 Comp B 炸药；M60A2 型采用高强度铝质的 M53A1 型炸药管，内部装填 Comp B5 炸药。

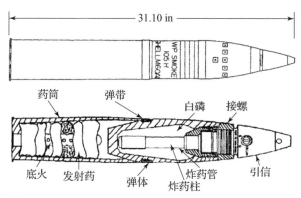

图 6-10　M60 系列 105 mm 榴弹炮白磷发烟弹

M60 系列 105 mm 榴弹炮白磷发烟弹的弹丸内装有白磷，并由接螺和螺接在接螺上的炸药管密封起来。炸药管内装有一定量的炸药，可通过这些炸药的爆炸将弹丸壳体炸碎，并将白磷抛撒出去。白磷与空气接触时发生燃烧，产生一团浓密的白色烟雾，用于遮蔽地面区域或实施目标指示。该型弹药的药筒内装有 7 个发射药包，每个发射药包上都印有编号。该型弹药采用长底火，该底火包括撞击发火部分，和装有黑火药的带传火孔的长管。7 个带编号的发射药包用丙烯酸纤维绳按数字顺序绑在一起，它们围绕着底火的传火管，并由药筒底至药筒口部按照 1 号药包至 7 号药包的顺序放置。M60 系列 105 mm 榴弹炮白磷发烟弹的重要参数如表 6-4 所示。

表 6-4　M60 系列 105 mm 榴弹炮白磷发烟弹的重要参数

全重	全长	弹体颜色	装填物	
			类型	质量
42.92 lb	31.10 in	浅绿色（浅红色弹药标识 + 黄色色带）	白磷	3.86 lb
发射药		引信	底火	
类型	质量			
M67 型	2.83 lb	M557 型碰炸或 M739 型碰炸	M28A2 型或 M28B2 型	

5. M913 型 105 mm 榴弹炮火箭增程杀爆弹

M913 型 105 mm 榴弹炮弹是一种火箭增程杀爆弹，可由美军装备的 M119 型榴弹炮发射，如图 6-11 所示。该型弹药的弹丸后部为火箭发动机，能够为弹丸的飞行赋予更大的动能，因此可以提高该型弹药的最大射程。

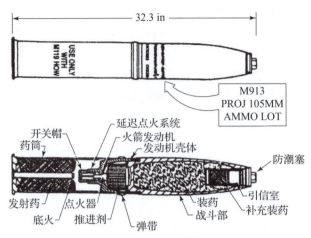

图 6-11　M913 型 105 mm 榴弹炮火箭增程弹

该型弹药的弹丸由流线型的战斗部和船尾式火箭发动机组成。弹丸的前部装填 TNT 炸药,并有一个装有补充装药的深引信室。弹丸的后部为火箭发动机,其包括火箭推进剂和延迟点火系统。火箭发动机的延迟点火系统有一个开关帽。药筒上装有一个长底火,药筒内部为带有消焰剂的单包发射药。M913 型 105 mm 榴弹炮火箭增程弹的主要部分如图 6-12 所示。

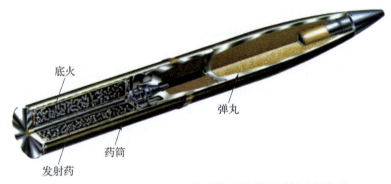

图 6-12　M913 型 105 mm 榴弹炮火箭增程弹的主要部分

当火箭发动机以关闭状态发射时,延迟点火系统的开关帽处于关闭状态,火箭发动机始终都不会工作,因而起不到增程的作用。当火箭发动机以开启状态发射时,发射前应打开延迟点火系统的开关帽。发射时,膛内的高温火药燃气将启动延迟点火系统。经过大约 16 s 的延迟,此时弹丸通常处于弹道的下降阶段,延迟点火系统点燃火箭发动机,火箭发动机燃烧约 2 s 的时间,从而提高了弹丸的飞行速度,增大了弹丸的射程。M913 型 105 mm 榴弹炮火箭增程弹的重要参数如表 6-5 所示。

表 6-5　M913 型 105 mm 榴弹炮火箭增程弹的重要参数

全重	全长	弹体颜色	装药	
			类型	质量
38.5 lb	32.3 in	橄榄绿(黄色弹药标识)	TNT	5.8 lb

续表

药筒	发射药		底火	最大射程	炮口速度
	型号	质量			
M14B4 型	M229 型	4.25 lb	M28B2 型	19.5 km	625 m/s

6. M548 型 105 mm 榴弹炮火箭增程杀爆弹

M548 型 105 mm 榴弹炮弹是一种火箭增程杀爆弹,可由美军装备的 M119 型榴弹炮发射,如图 6-13 所示。该型弹药的弹丸后部为火箭发动机,能够为弹丸的飞行赋予更大的动能,因此可以提高该型弹药的最大射程。

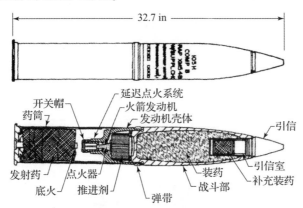

图 6-13 M548 型 105 mm 榴弹炮火箭增程杀爆弹

M548 型榴弹的弹丸与 M913 型榴弹类似,也是由流线型的战斗部和船尾式火箭发动机组成,不同之处在于 M548 型榴弹的弹丸装药为 Comp B 炸药,而 M913 型榴弹的弹丸装药为 TNT 炸药。M548 型榴弹的弹丸后部为火箭发动机,包括火箭推进剂和延迟点火系统。火箭发动机的延迟点火系统有一个开关帽,该开关帽可以控制火箭发动机。

该型弹药的药筒内装有 5 个发射药包,每个发射药包上都印有编号。该型弹药采用长底火,5 个带编号的发射药包用丙烯酸纤维绳按数字顺序绑在一起,并由药筒底至药筒口部按照 3 号药包至 7 号药包的顺序围绕着底火的传火管排列。

当火箭发动机以关闭状态发射时,延迟点火系统的开关帽处于关闭状态,火箭发动机始终都不会工作,因而起不到增程的作用。当火箭发动机以开启状态发射时,发射前应打开延迟点火系统的开关帽。发射时,膛内的高温火药燃气将启动延迟点火系统。经过大约 16 s 的延迟,此时弹丸通常处于弹道的下降阶段,延迟点火系统点燃火箭发动机,火箭发动机燃烧约 2 s 的时间,从而提高了弹丸的飞行速度,增大了弹丸的射程。M548 型 105 mm 榴弹炮火箭增程杀爆弹的重要参数如表 6-6 所示。

表 6-6 M548 型 105 mm 榴弹炮火箭增程杀爆弹的重要参数

全重	全长	弹体颜色	装药	
			类型	质量
38.5 lb	32.7 in	橄榄绿(黄色弹药标识)	Comp B	5.2 lb

续表

药筒	发射药		底火	最大射程	炮口速度
	型号	质量			
M14型/M14B1型/M14B4型	M176型	2.84 lb	M108型	15.0 km	548.64 m/s

7. M915型105 mm榴弹炮子母弹

M915型105 mm榴弹炮弹是一种子母弹,可由美军装备的M119型榴弹炮发射,如图6-14所示。该型弹药的弹丸内装有6簇共计42枚M80型双用途子弹,即每簇有7枚子弹。M80型子弹具有破甲、杀伤双重作用,能够有效杀伤轻型装甲目标和有生力量。

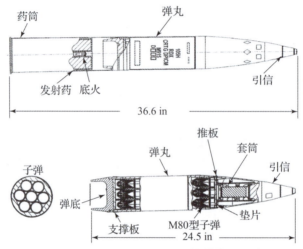

图6-14 M915型105 mm榴弹炮子母弹

M915型子母弹的钢质弹体后部螺接着一个可被推出的弹底。M80型子弹采用成型装药战斗部,并配备M234型引信。该型引信包含一个主要的机械保险装置和一个电子自毁装置。该自毁装置由一块小的备用电池和一个电子起爆装置组成。M915型105 mm榴弹炮子母弹及其装载的M80型子弹如图6-15所示。

图6-15 M915型105 mm榴弹炮子母弹及其装载的M80型子弹

当弹丸的引信发生作用时,所产生的压力将剪断弹底上的螺纹,并将子弹推出弹体。随后,安全装置脱落,滑块移动至解保位置,子弹的引信解除保险,备用电池被激活。当子弹受到撞击时,子弹的引信将战斗部引爆,否则备用电池被激活约 3 min 后,子弹将在自毁模式下被引爆。M915 型 105 mm 榴弹炮子母弹的重要参数如表 6 – 7 所示。

表 6 – 7　M915 型 105 mm 榴弹炮子母弹的重要参数

全重	全长	弹丸壳体		弹体颜色	子弹质量	子弹装药	
		质量	长度			类型	质量
43.7 lb	36.6 in	3.7 lb	24.5 in	橄榄绿（黄色弹药标识）	668 g	Comp PAX – 2A	15.9 g
推出装药		药筒	发射装药	发射药		底火	最大射程
类型	质量			类型	质量		
M10 型	45 g	M217A1/M217B1	M200 型单包	M30 型	4.25 lb	M28A2/M28B2	14.1 km

6.2　中型榴弹炮及其配套弹药

6.2.1　M777 型牵引式榴弹炮

1997 年,美国陆军和海军陆战队联合倡议由 M777 型超轻型榴弹炮取代老旧的 M198 型 155 mm 牵引式榴弹炮,如图 6 – 16 所示。M777 型火炮系统于 2000 年 6 月首次交付美军,并于 2002 年 11 月签订了 94 套该火炮系统的低速率初始生产合同。美国海军陆战队的操作测试于 2004 年 12 月完成,其间 4 套生产型火炮系统发射了近 12 000 枚炮弹。2005 年 4 月,BAE 系统公司获得了 495 套 M777 型火炮系统的全速率生产合同。在随后的一个月,美国海军陆战队开始为加利福尼亚州 Twentynine Palms 基地的第 11 海军陆战队交付 M777 型火炮系统。2004 年 7 月,M777 型火炮系统完成了美国海军陆战队 MV – 22 型"鱼鹰"倾转旋翼机的一系列空运测试。在测试期间,该系统作为一个外部负载被吊运了 69 n mile① 的距离。2006 年 10 月,第一批 18 套系统交付给位于夏威夷的美国陆军第 11 野战炮兵第二营。

图 6 – 16　M198 型榴弹炮和 M777 型榴弹炮

---

①　1 n mile = 1.852 km。

M777 型榴弹炮是美国陆军 Stryker 旅战斗队的制式火炮，同时也装备于美国陆军步兵旅战斗队的炮兵营、野战炮兵旅和美国海军陆战队。该型榴弹炮通常由 8 名炮班成员操作，但是操作人员也可减少为 5 人。配备数字化火控系统的 M777 型榴弹炮被命名为 M777A1 型，而经过火控软件更新后能够发射"神剑"制导炮弹的系统被命名为 M777A2 型。截至 2007 年 7 月，美军的所有 M777 型榴弹炮都升级为 M777A2 型。2007 年 12 月，美国陆军和海军陆战队将 M777A2 型榴弹炮部署到阿富汗，并在 2008 年将其部署到伊拉克。截至 2008 年 8 月，已经有超过 400 套 M777A2 型榴弹炮交付给美国陆军和美国海军陆战队。

M777 型榴弹炮采用 39 倍径的身管，采用 8 号装药时的炮口初速为 827 m/s。对于普通弹丸，其最大射程为 24.7 km；而对于火箭增程弹，其最大射程可达 30 km。M777 型榴弹炮的最大射速为 5 发/min，而其持续射速为 2 发/min。M777A2 型榴弹炮可以使用模块化装药来发射由雷声公司（Raytheon）和博福斯公司（Bofors）共同开发的 M982 型"神剑"卫星辅助惯性制导炮弹，该型制导炮弹的最大射程为 40 km，其命中精度为 10 m。2008 年 3 月，美军首次将"神剑"制导炮弹部署到阿富汗。美军使用 M777 型榴弹炮发射 M982 型"神剑"制导炮弹的场景如图 6-17 所示。

图 6-17　美军使用 M777 型榴弹炮发射 M982 型"神剑"制导炮弹的场景

M777 型榴弹炮的全重仅为 3 745 kg，能够采用直升机或固定翼飞机空运，如图 6-18 所示。该型榴弹炮广泛采用钛合金材料，与美军的 M198 型榴弹炮相比，重量减轻了 3 175 kg。该型榴弹炮能够由 2.5 t 以上的车辆所牵引。英国霍斯特曼防御系统公司（Horstman Defence Systems of the UK）为该型榴弹炮提供了液压支柱悬挂系统，使其最大公路拖曳速度达到 88 km/h，越野速度达到 50 km/h。

图 6-18　采用重型直升机调运方式实施机动的 M777 型榴弹炮

6.2.2 M109 型自行式榴弹炮

M109 型自行式榴弹炮的口径为 155 mm，采用履带式地盘，具有很强的战场机动能力，如图 6-19 所示。该型火炮主要装备美国陆军的重型旅战斗队的炮兵营和野战炮兵旅。M109A6 型榴弹炮具有很强的数字化能力，能够自我定位、定向和安全地实现数字通信。这些能力可提高该型火炮的射击精度和即时反应能力。该型火炮与 M777 型火炮的弹药兼容。

图 6-19　美军装备的 M109 型 155 mm 自行式榴弹炮及其射击场景

为了保障 M109 型榴弹炮的弹药补给，美军还配有 M992 型野战火炮弹药补给车，其英文名称为 Field Artillery Ammunition Supply Vehicle，简称 FAASV，如图 6-20 所示。该型弹药补给车于 1982 年装备美军，并服役至今。

图 6-20　M992 型弹药补给车与 M109 型自行式榴弹炮

M992 型弹药补给车采用与 M109 型自行式火炮相同的履带式底盘，因此两者有相似的机动性和战场生存能力。它配备柴油发动机，能够在公路上进行长距离、高速机动，同时也能适应崎岖的地形，如泥泞地面、沙地等，涉水最大深度为 42 in。M992 型弹药补给车的重要参数如表 6-8 所示。

表 6-8　M992 型弹药补给车的重要参数

质量	长度	宽度	高度	乘员	装甲	车载武器
26.1 t	6.6 m	3.1 m	3.4 m	3 人	铝合金	Mk19 型自动榴弹发射器或 M2 型重机枪

M992 型弹药补给车没有炮塔，但有一个更高的上层结构，用于储存 95 发弹丸以及与之配套的发射装药和底火，其内部结构如图 6-21 所示。该车最多能够携带 90 枚常规弹药，两个弹药架中各装 45 枚，以及 5 枚 M712 型激光末制导炮弹。

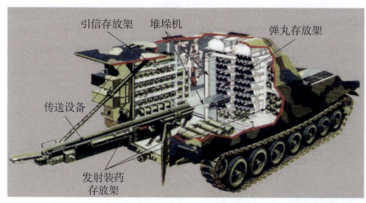

图 6-21　M992 型弹药补给车的内部结构

6.2.3　配套弹药

1. M107 型 155 mm 榴弹炮杀爆弹

M107 型 155 mm 榴弹炮弹是一种杀爆弹，可由美军装备的 155 mm 口径的火炮发射，如图 6-22 所示。该型弹药主要依靠爆炸产生的空气冲击波和高速破片杀伤有生力量和装备器材等目标。

图 6-22　M107 型 155 mm 榴弹炮杀爆弹

M107 型杀爆弹采用钢质壳体，内装 14.6 lb TNT 或 15.4 lb Comp B 炸药，在引信空腔内的铝衬管中装有 0.3 lb 的 TNT 补充装药。在弹丸的口部螺纹处，安装了一个吊耳，用于密封储存时的引信室，并便于勤务处理。受加工精度的影响，M107 型杀爆弹的弹重不尽相同。为了标示这种差别，以供射击时调整射击诸元，需要对弹重进行分级，并将相关信息标示在弹丸上，如表 6-9 所示。

表 6 – 9 M107 型 155 mm 榴弹炮杀爆弹的弹重分级

弹重区间编号	弹重区间/lb（不含引信和吊耳）	弹重标识符号
2	90.0 ~ 91.3	■ ■
3	91.1 ~ 92.4	■ ■ ■
4	92.0 ~ 93.7	■ ■ ■ ■
5	93.3 ~ 94.6	■ ■ ■ ■ ■

该型杀爆弹的弹丸能够使用瞬爆、时间或近炸引信。当使用瞬爆或时间引信时，引信首先起爆补充装药，再由补充装药起爆主装药；当使用近炸引信时，直接由近炸引信中的传爆药来起爆弹丸主装药。在勤务处理过程中，弹丸的弹带由垫圈提供保护，射击前必须取下。M107 型 155 mm 榴弹炮杀爆弹的重要参数如表 6 – 10 所示。

表 6 – 10 M107 型 155 mm 榴弹炮杀爆弹的重要参数

长度		弹体材料	弹体颜色	标识颜色	装药（二选一）及其质量	
含吊耳	不含吊耳				TNT	Comp B
26.93 in	23.89 in	锻钢	橄榄绿	黄色	14.6 lb	15.4 lb

2. M549/M549A1 型 155 mm 榴弹炮火箭增程杀爆弹

M549/M549A1 型 155 mm 榴弹炮弹属于火箭增程杀爆弹，可由美军装备的 155 mm 口径的火炮发射，如图 6 – 23 所示。M549 型和 M549A1 型的差别在于，M549 型杀爆弹的主装药为 16 lb 的 Comp B 炸药，而 M549A1 型杀爆弹的主装药为 15 lb 的 TNT 炸药。M549/M549A1 型杀爆弹主要依靠爆炸产生的空气冲击波和高速破片杀伤有生力量和装备器材等目标。

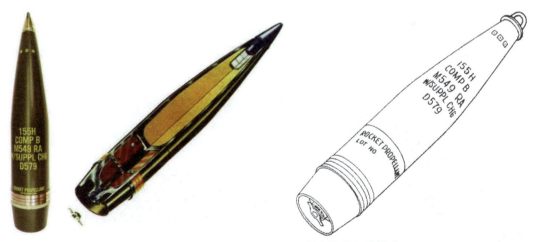

图 6 – 23 M549 型 155 mm 榴弹炮火箭增程杀爆弹

M549/M549A1 型杀爆弹的后部为火箭发动机，发动机内装有 7 lb 的火箭推进剂，在飞行过程中可为弹丸提供一定的推力，提高弹丸的飞行速度，进而提高弹药的射程。由于没有火箭发动机以关闭状态发射时的射表,因此不能采用这种状态射击。发射前,必须打开延迟点火系统的开关帽,从而使火箭发动机处于开启状态。发射时,膛内的高温火药燃气将启动延迟点火系统。经过大约 7 s 的延迟,延迟点火系统点燃火箭发动机,火箭发动机燃烧约 3 s,从而提高了弹丸的飞行速度,增大了弹丸的射程。M549/M549A1 型 155 mm 榴弹炮火箭增程杀爆弹的重要参数如表 6-11 所示。

表 6-11 M549/M549A1 型 155 mm 榴弹炮火箭增程杀爆弹的重要参数

标称质量（含引信）	长度		弹体颜色	
	含引信	不含引信		
约 96 lb	34.39 in	33.78 in	橄榄绿（黄色弹药标识）	
M549 型榴弹的装药		M549A1 型榴弹的装药		补充装药
类型	质量	类型	质量	类型	质量
Comp B	16 lb	TNT	15 lb	0.3 lb	TNT

受加工精度的影响,M549/M549A1 型杀爆弹的弹重不尽相同。为了标示这种差别,以供射击时调整射击诸元,需要对弹重进行分级,并将相关信息标示在弹丸上,如表 6-12 所示。

表 6-12 M549/M549A1 型 155 mm 榴弹炮火箭增程杀爆弹的弹重分级

弹重区间编号	弹重区间/lb（不含引信）	弹重标识符号
3	91.8~93.6	■ ■ ■
4	93.2~95.0	■ ■ ■ ■
5	94.6~96.4	■ ■ ■ ■ ■

3. M795 型 155 mm 榴弹炮杀爆弹

为了提高杀爆弹的威力,美军研制了 M795 型 155 mm 榴弹炮杀爆弹,用于替代威力较小的 M107 型杀爆弹。同时,该型弹药的射程也有一定程度的提高。美军装备的 M795 型 155 mm 榴弹炮杀爆弹如图 6-24 所示。

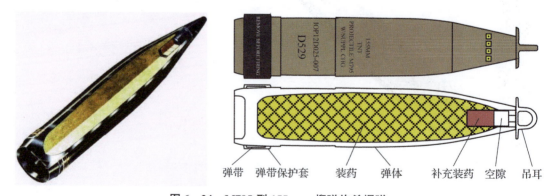

图 6-24 M795 型 155 mm 榴弹炮杀爆弹

M795 型杀爆弹与 M483A1 型子母弹的外观极其相似，只是长度短了 2 in。M795 型杀爆弹的金属弹带位于弹体的后端，并采用塑料闭气环。位于弹带后面的塑料闭气环可产生密封作用，以防止高温高压的火药燃气的泄漏。该弹丸的引信室处可安装具有保护作用的吊耳，其弹带处采用柔性可转动的保护套以提供勤务过程的保护。M795 型杀爆弹的弹丸可配用瞬爆引信、机械时间引信和短管近炸引信。该弹丸具有补充装药，但由于未授权使用长管近炸引信，所以射击时补充装药不用拆除。M795 型 155 mm 榴弹炮杀爆弹的重要参数如表 6 – 13 所示。

表 6 – 13 M795 型 155 mm 榴弹炮杀爆弹的重要参数

标称质量 （含引信）	长度 （含引信）	弹体颜色	装药		最大射程
			类型	质量	
约 103.4 lb	33.2 in	橄榄绿（黄色弹药标识）	TNT	23.8 lb	22 ~ 24 km

受加工精度的影响，M795 型杀爆弹的弹重不尽相同。为了标示这种差别，以供射击时调整射击诸元，需要对弹重进行分级，并将相关信息标示在弹丸上，如表 6 – 14 所示。

表 6 – 14 M795 型 155 mm 榴弹炮杀爆弹的弹重分级

弹重区间编号	弹重区间/lb （不含引信和吊耳）	弹重标识符号
2	99.0 ~ 100.3	■ ■
3	100.1 ~ 101.4	■ ■ ■
4	101.0 ~ 102.7	■ ■ ■ ■
5	102.3 ~ 103.6	■ ■ ■ ■ ■
6	103.4 ~ 104.7	■ ■ ■ ■ ■ ■

4. M449 型 155 mm 榴弹炮反人员子母弹

M449 型 155 mm 弹药属于子母弹，其英文名称为 Anti – Personnel Improved Conventional Munition，简称 APICM。M449 型子母弹曾在 1991 年的"沙漠风暴"行动中使用，但在战场上产生了大量的未爆弹药，致使美军已方部队的机动性受到一定程度的影响。美军装备的 M449 型 155 mm 榴弹炮反人员子母弹如图 6 – 25 所示。

M449 型子母弹内装有 10 层 M43 型反人员子弹药，每层有 6 枚，共计 60 枚。M449 型子母弹飞行至目标附近后，由时间引信控制推出装药点火，产生的高压燃气推动推板向后运动，从而使底板剪断剪切销并抛离弹体，最终使子弹药从弹丸后部抛出。受离心力的作用，子弹药沿母弹轴线分散开来。M449 型 155 mm 榴弹炮反人员子母弹的重要参数如表 6 – 15 所示。

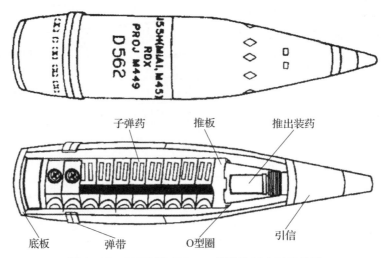

图 6-25 M449 型 155 mm 榴弹炮反人员子母弹

表 6-15 M449 型 155 mm 榴弹炮反人员子母弹的重要参数

标称质量	长度（含引信）	弹体颜色	子弹药		推出装药	
			型号	数量	类型	质量
95 lb	27.5 in	橄榄绿（黄色弹药标识 + 黄色菱形）	M43 型	60 枚	M10 型	30 g

M449 型子母弹内装载的 M43 型反人员子弹药如图 6-26 所示。M43 型反人员子弹药上没有任何标识，从母弹抛出后，受扭簧的作用两个叶片向外打开，依靠叶片的作用实现子弹药下落飞行的稳定，并控制弹体垂直落地。M43 型子弹药的战斗部由两片钢质球壳制造，内装 Comp A5 炸药 21.25 g。M43 型子弹药落地时受到冲击作用，将触发抛射机构，使子弹药的战斗部向上抛出 4~6 ft（1.2~1.8 m），实现在空中爆炸，从而最大限度地杀伤人员目标。

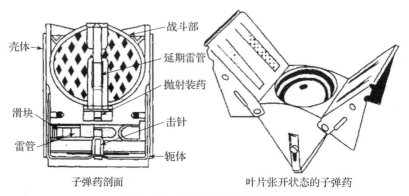

图 6-26 M43 型反人员子弹药

5. M483A1 型 155 mm 榴弹炮子母弹

M483A1 型 155 mm 弹药属于子母弹，其弹体内部装有 64 枚 M42 型子弹药和 24 枚 M46 型子弹药，如图 6-27 所示。该型弹药主要用于杀伤集群装甲目标和有生力量。

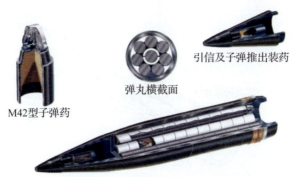

图 6-27　M483A1 型 155 mm 榴弹炮子母弹及其装载的 M42 型子弹药

M483A1 型 155 mm 榴弹炮子母弹可配用 M577 型机械时间引信或 M762 型电子时间引信。发射后，根据预先设定的时间，弹丸内的推出装药将子弹药从弹体内推出来。受旋转离心力的作用，各子弹药迅速分散开来。当子弹药落地或碰击目标时，引信起爆子弹药，形成金属射流和高速破片，以杀伤装甲目标和有生力量。M483A1 型 155 mm 榴弹炮子母弹的重要参数如表 6-16 所示。

表 6-16　M483A1 型 155 mm 榴弹炮子母弹的重要参数

标称质量	长度（含引信）	弹体颜色	子弹药		推出装药	
			M42 型	M46 型	类型	质量
102.6 lb	35.4 in	橄榄绿（黄色弹药标识 + 黄色菱形）	64 枚	24 枚	M10 型	58 g

受加工精度的影响，M483A1 型子母弹的弹重不尽相同。为了标示这种差别，以供射击时调整射击诸元，需要对弹重进行分级，并将相关信息标示在弹丸上，如表 6-17 所示。

表 6-17　M483A1 型 155 mm 榴弹炮子母弹的弹重分级

弹重区间编号	弹重区间/lb（不含引信和吊耳）	弹重标识符号
2	99.1 ~ 100.3	▫▫
3	100.3 ~ 101.3	▫▫▫
4	101.3 ~ 102.6	▫▫▫▫
5	102.6 ~ 103.6	▫▫▫▫▫
6	103.6 ~ 104.8	▫▫▫▫▫▫

6. M864 型 155 mm 榴弹炮子母弹

M864 型 155 mm 弹药属于子母弹，相比 M483A1 型子母弹，它采用底排增程技术，因此射程更远，可以打击远距离上的集群装甲目标和有生力量，如图 6-28 所示。

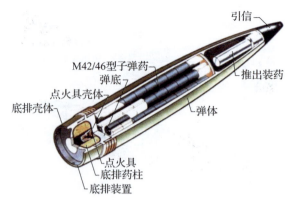

图 6-28 M864 型 155 mm 榴弹炮子母弹

M864 型子母弹装载 72 枚双用途子弹药，其中包括 48 枚 M42 型子弹药和 24 枚 M46 型子弹药。位于弹丸底部的底排装置装有 2.6 lb 的 HTPB-AP 型底排药剂。发射时，高温火药燃气将底排药剂点燃，底排药剂燃烧产生的气体可增大弹丸底部的压力，从而降低飞行过程中的整体阻力，最终达到提高射程的目的。M864 型 155 mm 榴弹炮子母弹的重要参数如表 6-18 所示。

表 6-18 M864 型 155 mm 榴弹炮子母弹的重要参数

标称质量	长度（含引信）	弹体颜色	子弹药		推出装药		底排药剂	
			M42 型	M46 型	类型	质量	类型	质量
102.0 lb	36.23 in	橄榄绿（黄色弹药标识+黄色菱形）	48 枚	24 枚	M10 型	105 g	HTPB-AP	2.6 lb

受加工精度的影响，M864 型子母弹的弹重不尽相同。为了标示这种差别，以供射击时调整射击诸元，需要对弹重进行分级，并将相关信息标示在弹丸上，如表 6-19 所示。

表 6-19 M864 型 155mm 榴弹炮子母弹的弹重分级

弹重区间编号	弹重区间/lb（不含引信和吊耳）	弹重标识符号
2	99.1~100.4	■ ■
3	100.2~101.5	■ ■ ■
4	101.1~102.8	■ ■ ■ ■
5	102.4~103.7	■ ■ ■ ■ ■
6	103.5~104.8	■ ■ ■ ■ ■ ■

7. M825/M825A1 型 155 mm 榴弹炮发烟弹

M825/M825A1 型 155 mm 弹药属于白磷发烟弹，可由美军装备的 155 mm 口径的火炮发射。该型弹药主要用于战场的迷茫和遮蔽，但也可用于战场照明、目标标示和纵火等场合。M825/M825A1 型 155 mm 榴弹炮白磷发烟弹及其在空中的爆炸场景如图 6 – 29 所示。

图 6 – 29　M825/M825A1 型 155 mm 榴弹炮白磷发烟弹及其在空中的爆炸场景

M825/M825A1 型 155 mm 榴弹炮发烟弹的基本结构如图 6 – 30 所示。该型弹药的弹丸壳体是在 M483A1 型子母弹的基础上修改而来的。M825/M825A1 型发烟弹的内部装有一个钢质柱壳，该柱壳内装有 116 个浸满白磷的楔形毡片，共有 4 列，每列有 29 层。楔形毡片各列间由铝质 X 形骨架隔开，各层之间被铝质分隔片隔离。在 X 形骨架构成的中心处插有上下贯通的炸药管，炸药管内装有 21 g Comp A – 5 炸药。在钢质柱壳的上端装有安全解保装置，该装置的顶端为延期雷管。

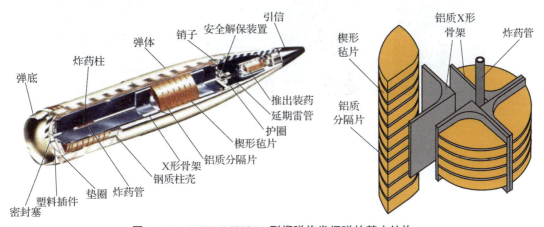

图 6 – 30　M825/M825A1 型榴弹炮发烟弹的基本结构

当弹丸飞至目标区域时，引信按照预先设定的时间引燃推出装药，推出装药燃烧产生的高温高压气体将盛有楔形毡片的钢质柱壳推出，同时点燃安全解保装置顶端的延期雷管。经过约 100 ms 的延迟，延期雷管引爆炸药管中的炸药柱，进而将钢质柱壳炸碎，而此时钢质柱壳已被推出母弹壳体。随着钢质柱壳的破碎，大量的楔形毡片依靠惯性和重力的共同作用向下飞散，同时与空气发生接触开始自燃。该型弹药的射程范围为 3 ~ 18 km，通常设定的爆炸高度为 50 ~ 250 m，楔形毡片的布撒区域呈椭圆形，该椭圆的长轴可达 200 m，其成烟时间为 5 ~ 15 min。M825/M825A1 型 155 mm 榴弹炮发烟弹的重要参数如表 6 – 20 所示。

表 6-20 M825/M825A1 型 155 mm 榴弹炮发烟弹的重要参数

标称质量	长度（含引信）		弹体颜色	
	M825 型	M825A1 型	M825 型	M825A1 型
102.6 lb	35.4 in	34.9 in	浅绿色 （浅红色弹药标识 + 黄色色带）	浅绿色 （浅红色弹药标识 + 黄色色带 + 红色色带）

装填物		炸药柱		推出装药	
毡片	白磷	类型	质量	类型	质量
116 枚	12.75 lb	Comp A-5	21.2 g	M10 型	51 g

为了提高 M825 型发烟弹的飞行稳定性，M825A1 型发烟弹得到了部分改进，其中包括采用了改进型载荷，以及将 M825 型发烟弹的铝质弹底改为了 M825A1 型的钢质弹底。除弹药标识不同之外，两者在外观上的区别主要在于，M825A1 型发烟弹在接近弹丸口部的位置有一条红色色带，而 M825 型发烟弹没有这条色带，如图 6-31 所示。

图 6-31 M825 型发烟弹与 M825A1 型发烟弹的外观区别

受加工精度的影响，M825/M825A1 型 155 mm 榴弹炮发烟弹的弹重不尽相同。为了标示这种差别，以供射击时调整射击诸元，需要对弹重进行分级，并将相关信息标示在弹丸上，如表 6-21 所示。

表 6-21 M825/M825A1 型 155 mm 榴弹炮发烟弹的弹重分级

弹重区间编号	弹重区间/lb （不含引信和吊耳）	弹重标识符号
2	99.1 ~ 100.4	■ ■
3	100.2 ~ 101.5	■ ■ ■
4	101.1 ~ 102.8	■ ■ ■ ■
5	102.4 ~ 103.7	■ ■ ■ ■ ■
6	103.5 ~ 104.8	■ ■ ■ ■ ■ ■

8. M110A1/M110A2 型 155 mm 榴弹炮发烟弹

M110A1/M110A2 型 155 mm 榴弹炮弹属于白磷发烟弹，可由美军装备的 155 mm 口径的火炮发射。该型弹药主要用于战场的迷茫和遮蔽，但也有一定的纵火能力。M110A2 型 155 mm 榴弹炮发烟弹如图 6-32 所示。

图 6-32　M110A2 型 155 mm 榴弹炮发烟弹

M110A1/M110A2 型发烟弹利用弹体中部炸药管的爆炸作用将弹体炸碎，并将内部装填的白磷抛撒开来，随后白磷发生自燃，产生高温和烟雾，其基本结构如图 6-33 所示。该型弹药通常采用碰炸型引信。

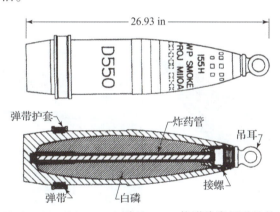

图 6-33　M110A1/M110A2 型 155 mm 榴弹炮发烟弹的基本结构

相比于 M110 系列的其他弹药型号，M110A1 型与 M110A2 型采用热稳定性更好的 Comp B5 炸药作为炸药柱替代了原来的特屈儿炸药柱。M110A1 型与 M110A2 型的主要区别在于，M110A2 型弹药内的炸药管采用铝质密封塞密封管的底部，而 M110A1 型的炸药管采用塑料密封塞。M110A1/M110A2 型 155 mm 榴弹炮发烟弹的重要参数如表 6-22 所示。

表 6-22　M110A1/M110A2 型 155 mm 榴弹炮发烟弹的重要参数

标称质量	长度（含吊耳）	弹体颜色	装填物	
			类型	质量
98.49 lb	26.93 in	浅绿色（浅红色弹药标识 + 黄色色带）	白磷	15.6 lb

受加工精度的影响，M110A1/M110A2 型 155 mm 榴弹炮发烟弹的弹重不尽相同。为了标示这种差别，以供射击时调整射击诸元，需要对弹重进行分级，并将相关信息标示在弹丸上，如表 6 – 23 所示。

表 6 – 23 M110A1/M110A2 型 155 mm 榴弹炮发烟弹的弹重分级

弹重区间编号	弹重区间/lb （不含引信和吊耳）	弹重标识符号
5	93.3 ~ 94.6	■ ■ ■ ■ ■
6	94.4 ~ 95.7	■ ■ ■ ■ ■ ■
7	95.5 ~ 96.8	■ ■ ■ ■ ■ ■ ■
8	96.6 ~ 97.9	■ ■ ■ ■ ■ ■ ■ ■

9. M485A2 型 155 mm 榴弹炮照明弹

M483A1 型 155 mm 弹药属于照明弹，主要用于夜间照明。该型弹药能够提供 100 万烛光的战场照明。该型炮弹可采用美军标准的机械或电子时间引信，并且兼容美军所有的 155 mm 火炮系统。美军装备的 M485A2 型 155 mm 照明弹及其吊伞照明炬系统的壳体如图 6 – 34 所示。

图 6 – 34 M485A2 型 155 mm 榴弹炮照明弹及其吊伞照明炬系统的壳体

该型照明弹为有伞式照明弹，其特点是采用二次推出方式。根据预先设定的开仓时间，引信点燃抛射药，进而将吊伞照明炬系统推出，即第一个推出动作，同时引燃系统内的延期药。随后，吊伞照明炬系统在减速伞及其外壳上的四片纵向翼片的共同作用下减速减旋。经过约 8 s 的延期时间，延期药将系统内的二次抛射药点燃，进而将主减速伞和照明炬从系统的壳体中推出，即第二个推出动作，同时引燃照明炬中的照明剂。由吊伞悬挂的照明炬以 4 ~ 5 m/s 的速度缓慢下落，并照亮目标区域，其有效照明时间为 120 s。M485A2 型 155 mm 榴弹炮照明弹的重要参数如表 6 – 24 所示。

表 6-24　M485A2 型 155 mm 榴弹炮照明弹的重要参数

标称质量 （不含引信）	长度（不含引信和吊耳）	弹体颜色
92 lb	23.79 in	橄榄绿（白色弹药标识 + 一条白色色带）

10. M692/M731 型 155 mm 榴弹炮区域拒止弹药

M692 型和 M731 型 155 mm 弹药均属于子母弹，它们内部都装有 36 枚反步兵地雷（或称区域拒止子弹药），因此美军也将这类弹药称为 Area Denial Artillery Munitions，即区域拒止弹药，简称 ADAM，如图 6-35 所示。M692 型和 M731 型子母弹的区别在于装载的区域拒止子弹药的自毁时间不同，M731 型采用短自毁时间（4 h），M692 型采用长自毁时间（48 h）。

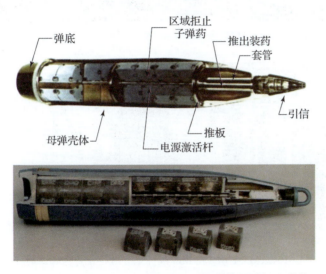

图 6-35　M692/M731 型 155 mm 榴弹炮区域拒止弹药

发射后，当 M692/M731 型区域拒止弹药飞行至预定区域上空后，引信按照预先设定的时间发生作用，依靠推出装药的作用将区域拒止子弹药（地雷）从弹底推出，其开仓高度通常在 600 m 左右。当子弹药落地后，多达 7 个绊线传感器被释放出来，绊线的最大长度可达 20 ft。子弹药的引信随即解除保险，在受到任何小扰动时实施爆炸，子弹药的杀伤半径可达 15 ft。该型子弹药具有自毁功能，当在预设时间内未被绊线或扰动所触发时，将实施自毁。M692/M731 型 155 mm 榴弹炮区域拒止弹药的作用过程如图 6-36 所示。

M692/M731 型 155 mm 榴弹炮区域拒止弹药的外表面颜色为橄榄绿，并标示了黄色弹药标识和黄色三角形图案。两者的区别在于黄色三角形图案中表示自毁时间的字母不同，M692 型弹药中子弹药的自毁时间大于 24 h，用"L"（Long）表示，而 M731 型弹药中的子弹药的自毁时间小于 24 h，因此用"S"（Short）表示，如图 6-37 所示。除子弹药的自毁时间和弹体外的部分标识不同外，M692 型和 M731 型 155 mm 榴弹炮区域拒止弹药的重要参数均相同，如表 6-25 所示。

图 6-36　M692/M731 型 155 mm 榴弹炮区域拒止弹药的作用过程

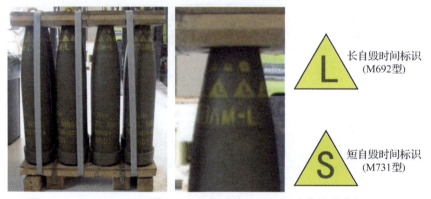

图 6-37　M692/M731 型 155 mm 榴弹炮区域拒止弹药的弹药标识区别

表 6-25　M692/M731 型 155 mm 榴弹炮区域拒止弹药的重要参数

标称质量 （不含引信）	长度 （含引信）	弹体颜色	子弹药	推出装药	
				类型	质量
102.5 lb	35.4 in	橄榄绿（黄色弹药标识+黄色三角形）	36 枚	M10 型	51 g

受加工精度的影响，M692/M731 型 155 mm 榴弹炮区域拒止弹药的弹重不尽相同。为了标示这种差别，以供射击时调整射击诸元，需要对弹重进行分级，并将相关信息标示在弹丸上，如表 6-26 所示。

表 6-26　M692/M731 型 155 mm 榴弹炮区域拒止弹药的弹重分级

弹重区间编号	弹重区间/lb （不含引信和吊耳）	弹重标识符号
2	99.1~100.4	■ ■

续表

弹重区间编号	弹重区间/lb（不含引信和吊耳）	弹重标识符号
3	100.2~101.5	■■■
4	101.1~102.8	■■■■
5	102.4~103.7	■■■■■
6	103.5~104.8	■■■■■■

11. M712型155 mm榴弹炮激光末制导炮弹

M712型155 mm弹药属于激光半主动末制导炮弹，具有极高的命中精度，能够打击重要的点目标，从而为战场指挥官提供了无与伦比的作战手段，其效果相当于直瞄武器和近距离空中支援。该型弹药曾在"沙漠风暴"行动中使用，并取得了巨大的成功。在第一周的炮击中，该型弹药被用来摧毁伊军的观察哨、边防哨所和前线雷达系统。M712型155 mm榴弹炮激光末制导炮弹及其命中目标的场景如图6-38所示。

图6-38 M712型155 mm榴弹炮激光末制导炮弹及其命中目标的场景

M712型末制导炮弹的弹丸包括前、中、后三部分，其中前部为制导舱、中部为战斗部、后部为控制舱，如图6-39所示。

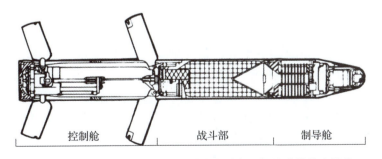

图6-39 M712型155 mm榴弹炮激光末制导炮弹的基本结构

制导舱主要由激光导引头和电子组件两部分组成。激光探测器、解码电路、陀螺仪以及所有稳定和控制弹丸飞向目标的电路都包含在这个舱段。该型末制导炮弹采用破甲型战斗部，它装有 14.75 lb 的 Comp B 炸药，可有效毁伤装甲车辆目标。引信采用双通道安全保险装置，它包括两个雷管、两个爆炸作动器、两个传爆药和一个扩爆药。因此，除扩爆药外，引信是一个双通道冗余系统，它的两个传爆通道完全独立，任何一个通道正常作用都会起爆战斗部主装药。M712 型 155 mm 榴弹炮激光末制导炮弹的重要参数如表 6-27 所示。

表 6-27　M712 型 155 mm 榴弹炮激光末制导炮弹的重要参数

质量	长度	弹体颜色	战斗部装药	
			类型	质量
138 lb	54 in	黑色（黄色弹药标识）	Comp B	14.75 lb

12. M982 型 155 mm 榴弹炮卫星辅助制导炮弹

M982 型 155 mm 弹药属于卫星辅助制导炮弹，它的制导方式是 INS/GPS。该型弹药能够精确打击远距离的固定目标，并且不需要前方观察员来指示目标。截至 2018 年 10 月，美军在战斗中已发射超过 1 400 发该型炮弹。M982 型 155 mm 榴弹炮卫星辅助制导炮弹及其装定场景如图 6-40 所示。

图 6-40　M982 型 155 mm 榴弹炮卫星辅助制导炮弹及其装定场景

M982 型"神剑"制导炮弹采用卫星辅助惯性制导方式，具有很高的命中精度，能够在友军 75～150 m 的范围内实施近距火力支援。

根据配置的不同，M982 型制导炮弹的最大射程可达 40～57 km，其圆概率误差为 5～20 m。在实战中，1 发 M982 型制导炮弹就能够精确命中一个所期望的目标，而采用非制导炮弹时通常需要消耗 10～50 发。该型炮弹的增程是通过使用可折叠滑翔弹翼来实现的，这种结构设计可允许弹丸从最大弹道高处滑翔至目标位置。该型制导炮弹采用多功能引信，可以通过预先编程的方式控制弹丸的起爆方式，从而实现近炸、碰炸和延期起爆。M982 型"神剑"制导炮弹的基本结构如图 6-41 所示。

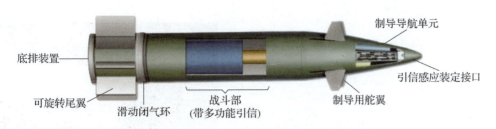

图 6-41　M982 型"神剑"制导炮弹的基本结构

2007 年，美军在伊拉克的实战表明 M982 型制导炮弹的性能非常出色，有 92% 的炮弹落在离目标 4 m 以内的距离。这也促进了该型制导炮弹的生产，美国陆军将产量从以前的每月 18 发增加到每月 150 发。2012 年，M982 型制导炮弹的射程达到了 36 km 的新的实战纪录。2020 年 12 月，在测试过程中通过使用 58 倍径的长身管火炮和强发射装药，该型制导炮弹的射程达到 70 km。

该型弹药是旅战斗队建制内唯一的精确制导炮弹，它可以为旅指挥官提供其他来源无法提供的即时的火力响应。该型弹药的命中精度、毁伤能力和较远射程的完美结合为战场上的分散作战提供了必要的影响范围和反应能力，同时减轻了整个部队的后勤负担。

13. 模块化发射装药

目前，榴弹炮配套弹药的装药形式有三种，分别是药包式装药、药筒式装药和模块化装药。模块化装药技术便于实现火炮弹药的自动装填，提高射速和快速反应能力，显著降低发射装药生产和后勤保障要求，消除多余发射药的浪费。因此，模块化装药代表着大口径火炮发射装药技术的发展方向。模块化装药分为不等式模块化装药和全等式模块化装药。不等式模块化装药通常由两种不同的单元模块组成，因此也称为双元模块装药。

美军已列装 M231/M232 双元模块装药，这种模块化装药可配套于美军现役的所有 155 mm 口径的火炮，其中包括 M106A6、M777A2 型火炮。M231 型模块化发射装药外观为绿色，其表面光滑，模块两端各有一条黑带圈，如图 6-42 所示。M232 型模块化发射装药外观为浅棕色，没有黑带圈，如图 6-43 所示。这两种模块装药都由放置在中心部位的芯体点火装置和密封在坚固可燃容器内的主装药组成。这些模块装在塑料套筒内，以便快速搬运和手工装填。不同装药条件下的火炮射程如表 6-28 所示。

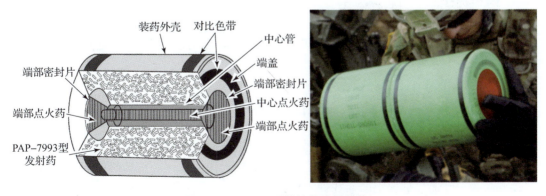

图 6-42　M231 型模块化发射装药

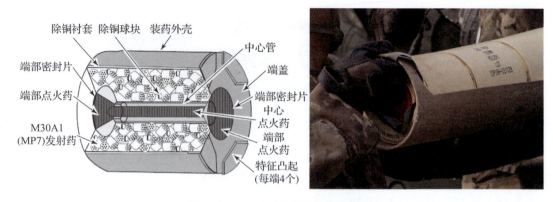

图 6-43 M232 型模块化发射装药

表 6-28 不同装药条件下的火炮射程

装药号	1 号装药	2 号装药	3 号装药	4 号装药	5 号装药
对应装药模块	1 个 M231 模块	2 个 M231 模块	3 个 M232 模块	4 个 M232 模块	5 个 M232 模块
射程	3~12 km		12~29 km		

14. M82 型底火

由于美军现役的 M777 型和 M109 型 155 mm 榴弹炮均采用模块化发射装药,因此需要额外的点火装置来点燃模块化装药。目前,美军主要采用 M82 型底火来完成这一功能。M82 型底火及其基本结构如图 6-44 所示。

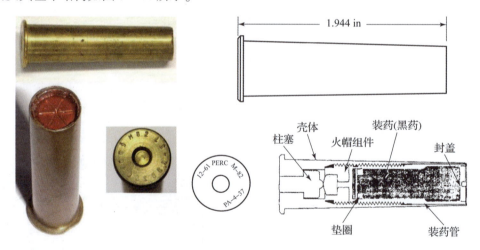

图 6-44 M82 型底火及其基本结构

该型底火采用撞击方式发火,其内部装有火帽组件和一定量的黑药。当底火的柱塞受到火炮击针的撞击后,火帽组件被激发火,进而点燃底火内的火药。火药燃烧产生的高温高压燃气顶开封盖,并通过炮栓上的通孔进入炮膛的药室,从而最终点燃模块化装药。M82 型底火的重要参数如表 6-29 所示。

表 6 – 29　M82 型底火的重要参数

质量	长度	作用类型	火帽装药量	黑药装药量
0.14 lb	1.944 in	撞击发火	约 0.04 g	1.43 g

需要说明的是，美军现役的 M777 型 155 mm 牵引式榴弹炮的炮栓上配备底火自动装填/退壳装置，如图 6 – 45 所示，而 M109 型 155 mm 自行式榴弹炮尚未配备该装置，只能采用手动方式来装填 M82 型底火，如图 6 – 46 所示。

图 6 – 45　M777 型 155 mm 牵引式榴弹炮的底火自动装填/退壳装置

图 6 – 46　M109 型 155 mm 自行式榴弹炮手动装填底火的场景

第 7 章
车载武器及其配套弹药

美国陆军旅战斗队装备武器的车辆大致可分为通用车辆、Stryker 系列轮式装甲车辆和履带式装甲战斗车辆。通用车辆装备的武器主要是枪械、自动榴弹发射器、反坦克导弹武器系统等,这些武器在前面章节中已有阐述,因此本章主要针对 Stryker 系列轮式车辆和履带式装甲战斗车辆的车载武器及其配套弹药进行详述。

7.1 Stryker 系列车辆车载武器及其配套弹药

Stryker 系列车辆包括多个型号,除车载武器和任务装备不同之外,其他部分均相同。这种系列化车辆装备模式,可降低后勤保障压力,有利于战场勤务和持续作战效能的发挥。

7.1.1 M1126 型步兵运输车车载武器及其配套弹药

M1126 型步兵运输车的英文名称为 M1126 Stryker Infantry Carrier Vehicle,简称 ICV,如图 7-1 所示。在 Stryker 系列车辆中,该型车辆的装备数量最多。每辆 M1126 型运输车有两名车组人员,另外车辆后部能够携带一个 9 人的步兵班,单车合计装载 11 人。该型车辆是 Stryker 旅战斗队的主要武器平台,每个旅装备 127 辆。

图 7-1 M1126 型步兵运输车及其主要车载武器

M1126 型运输车采用全时四驱动力系统,也可选择八驱动力。该型车辆的整车质量为 15.926 t,战斗全重为 18.3 t。车体采用 160 高强度钢焊接而成。该型车辆不安装格栅装甲时,车长 7 315 mm,车宽 2 870 mm,车高 2 692 mm。车载武器包括 1 挺 12.7 mm M2 重机枪或 1 具 40 mm Mk19 Mod3 自动榴弹发射器,以及 4 具 M6 型 66 mm 四管烟幕弹抛射系统。车载步兵班配备的武器包括 1 挺 7.62 mm M240B 通用机枪、1 具标枪反坦克导弹发射器、1 具 M136 AT-4 轻型反坦克武器、9 支 M4 突击步枪(配 2 具 M203 或 M320 型 40 mm 榴弹发射器)、2 挺 5.56 mm M249 班用机枪。M1126 型步兵运输车车载武器的配套弹药如表 7-1 所示。

表 7-1 M1126 型步兵运输车车载武器的配套弹药

弹药型号	数量	配用武器	备注
M8 型 12.7 mm 穿甲燃烧弹 M20 型 12.7 mm 穿甲燃烧曳光弹	共 2 000 发	M2 重机枪	弹链供弹,两种武器选其一
M430 型 40 mm 杀爆双用途榴弹	480 发	Mk19 自动榴弹发射器	
M80 型 7.62 mm 普通弹 M62 型 7.62 mm 曳光弹	共 3 200 发	M240B 通用机枪	弹链供弹
M855 型 5.56 mm 穿甲弹 M856 型 5.56 mm 曳光弹	共 2 240 发	M4 突击步枪	—
M855 型 5.56 mm 穿甲弹 M856 型 5.56 mm 曳光弹	共 1 120 发	M249 班用机枪	弹链供弹
M76 型 IR 66 mm 发烟弹 L8A3 型 66 mm 发烟弹	共 16 发	M6 型烟幕弹抛射系统	—
M18 型发烟手榴弹 AN-M14 型燃烧手榴弹	—		
M433 型 40 mm 杀爆双用途榴弹 M585 型 40 mm 照明弹 M583 型 40 mm 照明弹	共 40 发	M203 或 M320 枪挂榴弹发射器	—
M18A1 型 Claymore 反人员定向雷	2 具		
Javelin 便携式反坦克导弹	2 发	标枪反坦克导弹发射器	
M136 AT-4 轻型反坦克武器	1 具		—

7.1.2 M1127 型侦察车车载武器及其配套弹药

M1127 型侦察车的英文名称为 M1127 Stryker Reconnaissance Vehicle,简称 RV,如图 7-2 所示。M1127 型侦察车共有 7 名乘员,包括车长、驾驶员、班长和 4 名班成员。该型车辆可以在战场上快速移动,以收集和传输实时情报,增强部队的监视和态势感知能力。该型车辆的主要作用是预测和避免威胁,提高旅战斗队的决断力和机动自由。

图 7-2　M1127 型侦察车及其主要车载武器

该型车辆的车载武器包括 1 挺 M2 型 12.7 mm 重机枪或 1 具 Mk19 型 40 mm 自动榴弹发射器、12 具 M6 型 66 mm 四管烟幕弹抛射系统、1 具标枪反坦克导弹发射器、2 具 M136 AT-4 轻型反坦克武器、6 支 M4 型 5.56 mm 突击步枪（配 2 具 M203 或 M320 型 40 mm 榴弹发射器）、1 挺 M249 型 5.56 mm 班用机枪。M1127 型侦察车车载武器的配套弹药如表 7-2 所示。

表 7-2　M1127 型侦察车车载武器的配套弹药

弹药型号	数量	配用武器	备注
M8 型 12.7 mm 穿甲燃烧弹 M20 型 12.7 mm 穿甲燃烧曳光弹	共 2 000 发	M2 重机枪	弹链供弹
M430 型 40 mm 杀爆双用途榴弹	480 发	Mk19 自动榴弹发射器	弹链供弹
M76 型 IR 66 mm 发烟弹 L8A3 型 66 mm 发烟弹	共 48 发	M6 型烟幕弹抛射系统	—

7.1.3　M1128 型突击炮车载武器及其配套弹药

M1128 型突击炮的英文名称为 M1128 Stryker Mobile Gun System，简称 MGS，如图 7-3 所示。M1128 型突击炮有 3 名乘员，分别是车长、驾驶员和炮手。

图 7-3　M1128 型突击炮

该型车辆配用武器包括 1 门 M68A1E4 型 105 mm 火炮（射速为 6 发/min）、1 挺 M240B 型 7.62 mm 同轴通用机枪、1 挺 M2 型 12.7 mm 重机枪和 4 具 M6 型 66 mm 四管烟幕弹抛射系统。M1128 型突击炮的配套弹药如表 7 – 3 所示。该型车辆的主炮可为步兵提供直瞄火力支援，以打击敌军的固定或移动目标，例如掩体等。

表 7 – 3　M1128 型突击炮的配套弹药

弹药型号	数量	配用武器	备注
105 mm 北约标准弹药	18 发	M68A1E4 型 105 mm 火炮	车载主炮
M80 型 7.62 mm 普通弹 M62 型 7.62 mm 曳光弹	共 3 400 发	M240B 型 7.62 mm 同轴通用机枪	弹链供弹
M8 型 12.7 mm 穿甲燃烧弹 M20 型 12.7 mm 穿甲燃烧曳光弹	共 400 发	M2 型 12.7 mm 重机枪	弹链供弹
M76 型 IR 66 mm 发烟弹 L8A3 型 66 mm 发烟弹	共 32 发	M6 型烟幕弹抛射系统	—

7.1.4　M1129 型迫击炮车车载武器及其配套弹药

M1129 型迫击炮车的英文名称为 M1129 Stryker Mortar Carrier，简称 MC，如图 7 – 4 所示。该型迫击炮车共有 5 名乘员，包括车长、驾驶员、炮手、副炮手和弹药手。

图 7 – 4　M1129 型迫击炮车及其主要车载武器

该型车辆的武器配备包括 1 套 120 mm 反冲式迫击炮系统、1 挺 M240B 型 7.62 mm 通用机枪（车长用）、1 套 M224 型 60 mm 轻型迫击炮系统或 1 套 M252 型 81 mm 中型迫击炮系统。M1129 型迫击炮车车载武器的配套弹药如表 7 – 4 所示。

表 7 – 4　M1129 型迫击炮车车载武器的配套弹药

弹药型号	数量	配用武器	备注
M80 型 7.62 mm 普通弹 M62 型 7.62 mm 曳光弹	共 2 000 发	M240B 型 7.62 mm 通用机枪	车长用

续表

弹药型号	数量	配用武器	备注
120 mm 迫击炮弹	48 发	120 mm 迫击炮	侦察骑兵中队配 60 发炮弹
60 mm 迫击炮弹	77 发	M224 型迫击炮	两种武器选其一，侦察骑兵中队不配
81 mm 迫击炮弹	35 发	M252 型迫击炮	
M76 型 IR 66 mm 发烟弹 L8A3 型 66 mm 发烟弹	共 16 发	M6 型烟幕弹抛射系统	—

7.1.5　M1130 型指挥车车载武器及其配套弹药

M1130 型指挥车的英文名称为 M1130 Stryker Command Vehicle，简称 CV，如图 7-5 所示。该型指挥车共有 5 名乘员，其中包括车长、驾驶员、指挥员和 2 名工作站操作员。

图 7-5　M1130 型指挥车及其主要车载武器

该型车辆的武器配备包括 1 挺 M2 型 12.7 mm 重机枪或 1 具 Mk19 型 40 mm 自动榴弹发射器、1 具标枪反坦克导弹发射器、1 具 M136 AT-4 轻型反坦克武器、4 具 M6 型 66 mm 四管烟幕弹抛射系统。M1130 型指挥车车载武器的配套弹药如表 7-5 所示。

表 7-5　M1130 型指挥车车载武器的配备弹药

弹药型号	数量	配用武器	备注
M8 型 12.7 mm 穿甲燃烧弹 M20 型 12.7 mm 穿甲燃烧曳光弹	共 2 000 发	M2 型 12.7 mm 重机枪	两种武器选其一，弹链供弹
M430 型 40 mm 杀爆双用途榴弹	480 发	Mk19 型 40 mm 自动榴弹发射器	
M76 型 IR 66 mm 发烟弹 L8A3 型 66 mm 发烟弹	共 16 发	M6 型烟幕弹抛射系统	—

7.1.6　M1131 型火力支援车车载武器及其配套弹药

M1131 型火力支援车的英文名称为 M1131 Stryker Fire Support Vehicle，简称 FSV，如图

7-6 所示。该型车辆共有 4 名乘员,其中包括车长(兼传感器操作员)、驾驶员、任务专家和 1 名额外乘员。

图 7-6　M1131 型火力支援车及其主要车载武器

该型车辆的武器配备包括 1 挺 M2 型 12.7 mm 重机枪、12 具 M6 型 66 mm 四管烟幕弹抛射系统。M1131 型火力支援车车载武器的配套弹药如表 7-6 所示。

表 7-6　M1131 型火力支援车车载武器的配套弹药

弹药型号	数量	配用武器	备注
M8 型 12.7 mm 穿甲燃烧弹 M20 型 12.7 mm 穿甲燃烧曳光弹	共 2 000 发	M2 型 12.7 mm 重机枪	弹链供弹
M76 型 IR 66 mm 发烟弹 L8A3 型 66 mm 发烟弹	共 48 发	M6 型烟幕弹抛射系统	—

7.1.7　M1132 型工程车车载武器及其配套弹药

M1132 型工程车的英文名称为 M1132 Stryker Engineer Squad Vehicle,简称 ESV,如图 7-7 所示。该型车辆共有 11 名乘员,包括车长、驾驶员、班长和 8 名工兵。

图 7-7　M1132 型工程车及其主要车载武器

该车的武器配备包括 1 挺 M2 型 12.7 mm 重机枪或 1 具 Mk19 型 40 mm 自动榴弹发射器、4 具 M6 型 66 mm 四管烟幕弹抛射系统。M1132 型工程车车载武器的配套弹药如表 7-7 所示。

表 7-7　M1132 型工程车车载武器的配套弹药

弹药型号	数量	配用武器	备注
M8 型 12.7 mm 穿甲燃烧弹 M20 型 12.7 mm 穿甲燃烧曳光弹	共 2 000 发	M2 型 12.7 mm 重机枪	两种武器选其一，弹链供弹
M430 型 40 mm 杀爆双用途榴弹	480 发	Mk19 型 40 mm 自动榴弹发射器	
M76 型 IR 66 mm 发烟弹 L8A3 型 66 mm 发烟弹	共 16 发	M6 型烟幕弹抛射系统	—

7.1.8　M1133 型医疗后送车车载武器及其配套弹药

M1133 型医疗后送车的英文名称为 M1133 Stryker Medical Evacuation Vehicle，简称 MEV，如图 7-8 所示。该型车辆共有 3 名乘员，其中包括车长、驾驶员、1 名医疗护理人员。该车的医疗救护能力包括 4 人担架，或 6 人座位，或 2 人担架 +3 人座位。

图 7-8　M1133 型医疗后送车及其主要车载武器

该型车辆的武器配备为 6 具 M6 型 66 mm 四管烟幕弹抛射系统，其配套弹药包括 M76 型 IR 66 mm 发烟弹和 L8A3 型 66 mm 发烟弹，共计 16 发。

7.1.9　M1134 型反坦克导弹车车载武器及其配套弹药

M1134 型反坦克导弹车的英文名称为 M1134 Stryker Anti-Tank Guided Missile Vehicle，如图 7-9 所示。该型车辆共有 4 名乘员，其中包括车长、驾驶员、导弹射手和导弹装填手。

该型车辆的武器配备包括：1 具可升降的 TOW 式反坦克导弹系统，该系统有 MITAS 和 FCS 两个导弹发射器；4 具 M6 型 66 mm 四管烟幕弹抛射系统和 1 挺 M240B 型 7.62 mm 通用机枪。M1134 型反坦克导弹车车载武器的配套弹药如表 7-8 所示。

图 7-9　M1134 型反坦克导弹车及其主要车载武器

表 7-8　M1134 型反坦克导弹车车载武器的配套弹药

弹药型号	数量	配用武器	备注
TOW 式反坦克导弹	12 发	TOW 式导弹发射器	—
M80 型 7.62 mm 普通弹 M62 型 7.62 mm 曳光弹	共 2 000 发	M240B 型 7.62 mm 通用机枪	链式供弹
M76 型 IR 66 mm 发烟弹 L8A3 型 66 mm 发烟弹	共 16 发	M6 型烟幕弹抛射系统	—

7.1.10　M1135 型核生化侦察车车载武器及其配套弹药

M1135 型核生化侦察车的英文名称为 M1135 Stryker NBC Reconnaissance Vehicle，简称 NBCRV，如图 7-10 所示。该型车辆共有 4 名乘员，其中包括车长、驾驶员、测量员和助理测量员。

图 7-10　M1135 型核生化侦察车及其主要车载武器

该型车辆的武器配备包括 1 挺 M2 型 12.7 mm 重机枪或 1 具 Mk19 Mod3 型 40 mm 自动榴弹发射器、4 具 M6 型 66 mm 四管烟幕弹抛射系统。M1135 型核生化侦察车车载武器的配套弹药如表 7-9 所示。

表 7-9　M1135 型核生化侦察车车载武器的配套弹药

弹药型号	数量	配用武器	备注
M8 型 12.7 mm 穿甲燃烧弹 M20 型 12.7 mm 穿甲燃烧曳光弹	共 2 000 发	M2 型 12.7 mm 重机枪	两种武器选其一，弹链供弹
M430 型 40 mm 杀爆双用途榴弹	480 发	Mk19 型 40 mm 自动榴弹发射器	
M76 型 IR 66 mm 发烟弹 L8A3 型 66 mm 发烟弹	共 16 发	M6 型烟幕弹抛射系统	—

7.2　M1A2 型主战坦克及其配套弹药

M1A2 型坦克是美国陆军合成营的主要作战装备之一，是实施突击作战的骨干力量，在美国陆军的作战装备体系中具有非常重要的地位，如图 7-11 所示。

图 7-11　美军装备的 M1A2 型主战坦克

7.2.1　M1A2 型主战坦克

M1 型坦克于 1980 年装备美军，并服役至今。该型坦克由 Chrysler Defense 公司（克莱斯勒防务公司，目前为 General Dynamics Land Systems 公司，即通用动力地面系统公司）研制，1999 财年 M1A2 型坦克的单价为 621 万美元，估计相当于 2016 年的 892 万美元。美军主要列装过三个版本的 Abrams 坦克，为 M1 型、M1A1 型和 M1A2 型，其中包括武器、装甲和电子系统的改进。这些改进和对现役坦克的升级使得这种长期列装的车辆能够继续在前线服役。

当前，M1A2 型主战坦克是美军装甲部队的骨干力量，能够为装甲部队提供优良的机动和火力，可以摧毁世界上任何敌方的装甲战斗车辆，同时能为乘员提供有效的保护。M1A2 型坦克如图 7-12 所示，其重 64.6 t，长 9.77 m，宽 3.66 m，高 2.44 m。乘员 4 名，包括车长（兼机枪手）、炮手、装弹手和驾驶员。该型坦克装备一门 M256A1 型 44 倍径的 120 mm 滑膛炮，备弹 44 发；还装备 M2HB 型 12.7 mm 重机枪 1 挺，备弹 900 发，以及 M240 型 7.62 mm 通用机枪和 M240C 型 7.62 mm 同轴机枪各 1 挺，共备弹 10 400 发。M1A2

型主战坦克的武器配备如图 7-12 所示。

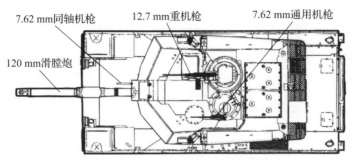

图 7-12　M1A2 型主战坦克的武器配备

7.2.2　配套弹药

由于前文已对美军装备的 12.7 mm 重机枪和 7.62 mm 通用机枪所配备的弹药进行了介绍，因此下面仅对 M1A2 坦克主炮的配套弹药进行阐述。

M1A2 型坦克的 120 mm 主炮的主要任务是摧毁敌军的坦克、装甲车辆、直升机和防御阵地等目标，并可用于压制敌军的露天阵地和有生力量，以及破除障碍物等行动。该型火炮配套穿甲弹、破甲弹、多用途弹和目标训练弹等弹药。

1. M829 系列 120 mm 坦克炮穿甲弹

穿甲弹是 M1A2 型坦克用于打击敌方装甲车辆的主要弹种，同时它也是坦克所配套的弹药中具有最高命中精度的弹种。美军装备的穿甲弹主要有 M829 基本型、M829 A1 型、M829 A2 型、M829 A3 型共四个型号，如图 7-13 所示。

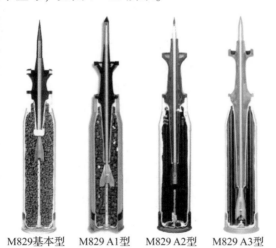

图 7-13　M829 系列 120 mm 坦克炮穿甲弹

穿甲弹是依靠侵彻体的强大动能来实现穿甲的。M829 系列穿甲弹的基本结构非常类似，如图 7-14 所示。其基本结构包括弹丸、可燃药筒、发射装药等。

M829 基本型 120 mm 坦克穿甲弹采用贫铀侵彻体、3 瓣式铝质弹托。该型弹药的弹丸采用尾翼稳定方式，6 片式尾翼为铝合金材质，其中心装有曳光管，以供射手观察弹丸的飞行弹道。M829 基本型 120 mm 坦克穿甲弹的重要参数如表 7-10 所示。

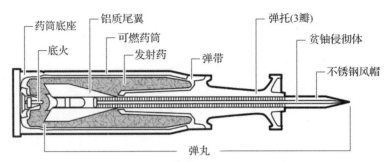

图 7-14 M829 系列穿甲弹的基本结构

表 7-10 M829 基本型 120 mm 坦克穿甲弹的重要参数

全长	质量	弹丸颜色	最大膛压（70°F 时）	炮口初速
934 mm	18.7 kg	黑色（白色弹药标识）	73 950 psi	1 679 m/s

M829 A1 型穿甲弹曾在 1991 年的"沙漠风暴"行动中大放异彩，从而被美军称为"Silver Bullet（银弹）"。该型弹药采用电底火、贫铀侵彻体、6 片式铝质尾翼，并具有曳光管。其重要参数如表 7-11 所示。

表 7-11 M829 A1 型 120 mm 坦克炮穿甲弹的重要参数

全长	质量	弹丸颜色	最大膛压		炮口初速
			120°F 时	70°F 时	
984 mm	20.9 kg	黑色（白色弹药标识）	96 000 psi	82 650 psi	1 569 m/s

M829 A2 型穿甲弹虽然使用了 M829A1 型穿甲弹的类似组件，但在技术上经过了改进，以提供更强的装甲侵彻能力。其中包括使用新的制造工艺改进贫铀侵彻体的结构强度，采用碳/环氧复合材料制作弹托（这在世界范围内尚属首次），采用特殊制造工艺部分切割了发射药，从而使其弹道性能类似于粒状发射药，而装药工艺与管状发射药类似。经过这些改进，M829A2 型穿甲弹的炮口初速比 M829 A1 型高出约 100 m/s，同时最大膛压稍有降低。M829 A2 型 120 mm 坦克炮穿甲弹的重要参数如表 7-12 所示。

表 7-12 M829 A2 型 120 mm 坦克炮穿甲弹的重要参数

全长	质量	弹丸颜色	炮口初速	采购单价（2000 财年）
984 mm	20.4 kg	黑色（白色弹药标识）	1 680 m/s	4 000 美元

M829 A3 型穿甲弹是 M829 A2 型的后续型号，该型弹药能够有效应对当前先进的装甲防御技术，其中包括爆炸反应装甲。其重要参数如表 7-13 所示。

表 7-13 M829 A3 型 120 mm 坦克炮穿甲弹的重要参数

全长	质量	弹丸颜色	炮口初速	采购单价（2009 财年）
984 mm	25.4 kg	黑色（白色弹药标识）	1 555 m/s	8 508 美元

2. M830 型 120 mm 坦克炮多用途弹

M1A2 型坦克的主炮配备的多用途弹包括 M830 型、M830A1 型和多用途杀爆弹，这些弹药用于战场上可能遭遇的各种类型目标。其中 M830 型 120 mm 坦克炮多用途弹更适合打击轻型装甲目标和野战工事，如图 7-15 所示。另外，M830 型多用途弹也可用打击人员和坦克等目标。

图 7-15　M830 型 120 mm 坦克炮多用途弹

M830 型 120 mm 坦克炮多用途弹的基本结构如图 7-16 所示。该型弹药主要由破甲战斗部、可燃药筒、发射药和底火等组成，其中破甲战斗部的引信包括头部机构和弹底引信两部分。

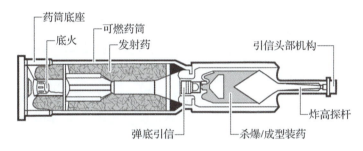

图 7-16　M830 型 120 mm 坦克炮多用途弹的基本结构

由于该型弹药的毁伤机理是基于成型装药战斗部的破甲效应，而这种毁伤效应与弹丸的着靶速度基本无关，因此它在 4 000 m 距离的毁伤能力与在 200 m 距离的相同。M830 型 120 mm 坦克炮多用途弹的重要参数如表 7-14 所示。

表 7-14　M830 型 120 mm 坦克炮多用途弹的重要参数

全长	质量	弹丸颜色	炮口初速	最大膛压（70°F 时）
980 mm	24.2 kg	黑色（黄色弹药标识）	1 140 m/s	69 600 psi

3. M830A1 型 120 mm 坦克炮多用途弹

M830A1 型 120 mm 坦克炮多用途弹是为美军 M1A2 型坦克的主炮配套的多用途弹药，如图 7-17 所示。该型弹药适用于打击轻型装甲车辆、技术装备以及空中目标等。

图 7-17　M830A1 型 120 mm 坦克炮多用途弹

M830A1 型 120 mm 坦克炮多用途弹的基本结构如图 7-18 所示，它采用带有成型装药结构的杀爆战斗部。该战斗部配备一个具有模式选择功能的引信，该引信有地面和空爆两种模式可供发射前选定。当采用地面模式时，该型弹药的主要打击目标是轻型装甲车辆，当飞行的弹丸着靶时发火；它也可以用来打击掩体、建筑物、敌军坦克的侧翼和后方，以及有生力量等。当采用空爆模式时，该型弹药可用于打击敌军的直升机，以提供基本的防空自卫能力。当它击中目标或近炸传感器探测到目标时，战斗部将发挥作用。但是，由于近炸传感器的解保距离为 400 m，因此在目标较近的距离上难以实现空爆模式。

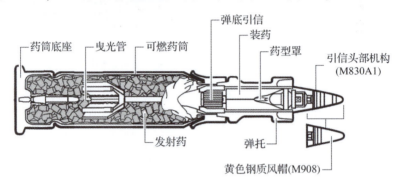

图 7-18　M830A1 型 120 mm 坦克炮多用途弹的基本结构

在空爆模式下，当引信的近炸传感器发生作用时会产生一股黑烟，以便射手能够观察到弹丸爆炸的时间以及相对于目标的位置。M830A1 型 120 mm 坦克炮多用途弹及其攻击直升机时的场景如图 7-19 所示。M830A1 型 120 mm 坦克炮多用途弹的重要参数如表 7-15 所示。

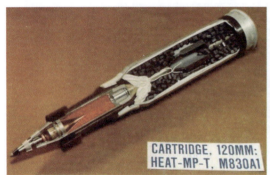

图 7-19　M830A1 型 120 mm 坦克炮多用途弹及其攻击直升机时的场景

表 7-15　M830A1 型 120 mm 坦克炮多用途弹的重要参数

全长	质量	弹丸颜色	炮口初速	采购单价（2000 财年）
983 mm	22.7 kg	黑色（黄色弹药标识）	1 410 m/s	4 659 美元

4. M1028 型 120 mm 坦克炮预制破片杀伤弹

M1028 型 120 mm 坦克炮预制破片杀伤弹的主要作用是杀伤近距离的敌军步兵，其基本结构如图 7-20 所示。

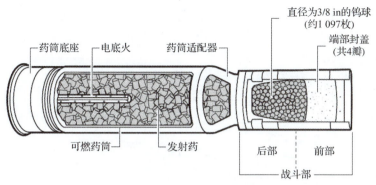

图 7-20 M1028 型 120 mm 坦克炮预制破片杀伤弹

该型弹药的战斗部内没有装药，仅装有 1 097 枚直径为 3/8 in 的钨球。M1028 型 120 mm 坦克炮预制破片杀伤弹及其破片的飞散情况（在距离炮口 15 m 处）如图 7-21 所示。该型弹药的战技指标包括：在 200~500 m 的距离内，单发杀伤呈楔形进攻队形的步兵班的 50%，两发杀伤呈楔形进攻队形的步兵排的 50%。

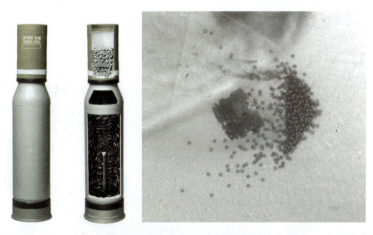

图 7-21 M1028 型 120 mm 坦克炮预制破片杀伤弹及其破片的飞散情况（在距离炮口 15 m 处）

为了测试该型弹药的威力，美军做了相关的实验。以城市作战为背景，设置高 10 ft、宽 20 ft 的墙体，该墙体在混凝土地基上采用标准结构建造，墙体不含钢筋或填充块，在墙体的后面设置 5 个由 3/4 in 厚胶合板制成的假人，实际靶标如图 7-22 所示。

图 7-22 城市作战背景下的靶标设置

在有效射程范围内，瞄准线与墙体呈 45°夹角，实验结果如图 7 - 23 所示。结果表明，墙体被大量穿孔，以至于无法支撑而发生倒塌，墙体后的 5 个假人身上均有多个穿孔。

图 7 - 23　M1028 型 120 mm 坦克炮预制破片杀伤弹在城市作战背景下的毁伤结果

5. M865 型 120 mm 坦克炮目标训练弹

目标训练弹是用于射击训练过程的弹药。M1A2 型坦克的主炮配套的目标训练弹包括 M865 型目标训练弹、M831A1 型目标训练弹和 M1002 型目标训练弹。

M865 型目标训练弹的飞行弹道与 M829 系列穿甲弹非常类似，可用于模拟该型尾翼稳定脱壳穿甲弹的射击训练，以降低训练成本，如图 7 - 24 所示。

图 7 - 24　M865 型 120 mm 坦克炮目标训练弹

M865 型 120 mm 坦克炮目标训练弹的基本结构如图 7 - 25 所示。该型弹药由钢质侵彻体、铝质弹托、可燃药筒、发射药和底火等组成，其特点是采用铝质锥形尾翼，而非通常的多片状尾翼，以保证弹丸飞行的稳定性。

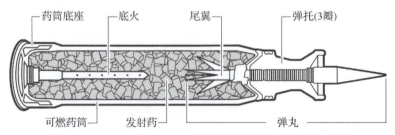

图 7 - 25　M865 型 120 mm 坦克炮目标训练弹的基本结构

6. M831A1 型 120 mm 坦克炮目标训练弹

M831A1 型弹药是一种目标训练弹,该型弹药与 M830 型弹药具有相同的弹道性能,主要用于射击训练。M831A1 型 120 mm 坦克炮目标训练弹的基本结构如图 7-26 所示。M831A1 型弹药的弹丸内除少量曳光剂之外不含其他装药,仅由钢质弹尖、铝质空弹体、尼龙弹带、稳定组件和曳光管组成。在飞行过程中,弹丸的稳定组件可使弹体低速旋转,以保证飞行的稳定性。

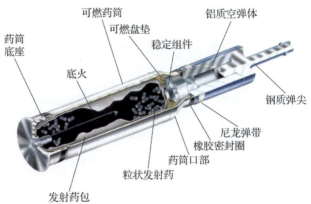

图 7-26 M831A1 型 120 mm 坦克炮目标训练弹的基本结构

M831A1 型是 M831 型目标训练弹的改进型号,目的是进一步节省采购成本,以提高部队的训练效益。该型弹药仅用于部队的射击训练,保持射手的射击水平,而不能用于实战。M831A1 型 120 mm 坦克炮目标训练弹的重要参数如表 7-16 所示。

表 7-16 M831A1 型 120 mm 坦克炮目标训练弹的重要参数

全长	质量	弹丸颜色	采购单价(2005 财年)
981 mm	22.9 kg	蓝色(白色弹药标识)	721 美元

7. M1002 型 120 mm 坦克炮目标训练弹

M1002 型目标训练弹用于模拟 M830A1 型多用途弹的地面作用模式,它与 M830A1 型弹药具有相似的弹道性能,可在保证训练效果的情况下,尽量降低训练成本。M1002 型 120 mm 坦克炮目标训练弹及其弹丸的飞行状态如图 7-27 所示。

图 7-27 M1002 型 120 mm 坦克炮目标训练弹及其弹丸的飞行状态

M1002 型 120 mm 坦克炮目标训练弹的基本结构如图 7 – 28 所示。该型弹药的弹丸由铝质弹体、钢质风帽（带模拟塑料开关）、铝质锥形尾翼、铝质弹托、尼龙弹带、曳光管等组成。除曳光管中的少量曳光剂之外，弹丸内部不含其他装药。在飞行过程中，锥形尾翼可使弹丸低速转动，以提高弹丸的飞行稳定性，并限制弹丸的最大射程。M1002 型目标训练弹的重要参数如表 7 – 17 所示。

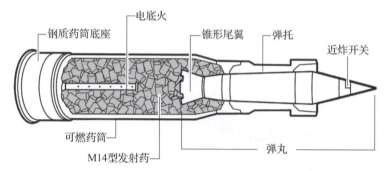

图 7 – 28　M1002 型 120 mm 坦克炮目标训练弹的基本结构

表 7 – 17　M1002 型 120 mm 坦克炮目标训练弹的重要参数

全长	质量	弹丸颜色	采购单价（2009 财年）
984 mm	20.9 kg	蓝色（白色弹药标识 + 白色色带）	1 650 美元

7.3　M2 系列步兵战车及其配套弹药

M2 系列步兵战车是美国陆军合成营的重要作战装备，主要装备于合成营的机步连。它是执行地面作战行动的骨干力量，在美国陆军的作战装备体系中具有重要的地位，如图 7 – 29 所示。

图 7 – 29　M2 系列步兵战车

7.3.1　M2 系列步兵战车

M2 系列步兵战车是美国研制并装备的一种步兵战车，它以美国五星上将布雷德利（Bradley）的名字命名。该系列车辆采用履带式底盘，除车辆乘员外还可装载 7 名全副武装的步兵。因此，它是一种伴随步兵机动作战的装甲战斗车辆，既可以独立作战，也可协同坦克作战。该系列车辆于1980年定型并投产，1983年装备美国陆军。

M2A3型步兵战车为M2系列步兵战车的最新型号。该型车辆战斗全重6 600 lb（约30 t），有3名乘员和7名载员。该型车辆的主要武器是1门M242型25 mm链式机关炮，另有2具TOW式反坦克导弹发射器（其中待发导弹2枚，车载导弹5枚，合计7枚导弹），和1挺M240型7.62 mm同轴机枪，如图7-30所示。由于该车装备的TOW式导弹发射器、M240型机枪及其配套弹药在前文中已详细介绍，因此下面仅对M242型火炮配套弹药进行阐述。

图7-30　M2型步兵战车及其车载武器

美军在M2系列步兵战车的基础上还研制并装备了M3系列的装甲侦察车、M6型防空导弹发射车、M7型火力支援车等。其中，除载员数量和任务装备不同外，M3系列的装甲侦察车与M2系列步兵战车的车载武器及其配套弹药基本相同，因此在这里就不再赘述。

早在20世纪80年代，美军就在M2系列步兵战车的基础上改装过M6型防空导弹发射车，其英文名称为M6 Bradley-Linebacker，于1998年列装美军，如图7-31所示。该型车辆的最大特点是用四联装Stinger（毒刺）防空导弹发射器替换了原有的双联装TOW式反坦克导弹发射器，并保留了25 mm火炮。该型车辆可为重装部队提供伴随式野战防空掩护，能够拦截低空及超低空来袭的敌军空中目标，并且具备行进间对空射击能力。由于在美国陆军旅战斗队的编制表内没有该型车辆，因此本书不对该型车辆的武器系统及其配套弹药进行介绍。

图7-31　M6型防空导弹发射车

长期以来，美国陆军一直追求对于间瞄火力的精确投射。为此，在美军装甲旅战斗队的编制表中，装备有 M7 型火力支援车，其英文名称为 M7 Bradley Fire Support Team Vehicle，简称 BFSTV，如图 7-32 所示。该型车辆也是在 M2 系列步兵战车的基础上改装而来的。该车的最大特点是用地面车辆激光定位/指示器替换了原有的双联装 TOW 式反坦克导弹发射器，并保留了 25 mm 火炮。由于 M2 系列步兵战车的车载武器及其配套弹药已完全涵盖了 M7 型火力支援车，因此此处也就不再专门介绍。

图 7-32　M7 型火力支援车

7.3.2　配套弹药

M242 型 25 mm 链式机关炮的配套弹药主要包括穿甲弹、杀爆弹、目标训练弹等，如图 7-33 所示。

图 7-33　M242 型 25 mm 链式机关炮的配套弹药

1. M791 型 25 mm 穿甲弹

M791 型弹药属于口径为 25 mm 的脱壳穿甲曳光弹，其英文名称为 M791 Armor - Piercing Discarding Sabot with Tracer，简称 M791 APDS - T，如图 7-34 所示。该型弹药主要用于打击敌方轻型装甲、自行火炮等车辆目标，以及直升机、低速飞行的固定翼飞机等空中目标。

M791 型 25 mm 穿甲弹的基本结构如图 7-35 所示。该型弹药主要包括弹丸、药筒、发射装药、底火等组件。弹丸由钨合金弹芯、铝质风帽、曳光管、尼龙弹托、铝质弹丸底座、尼龙鼻锥等组成。其中，弹丸的弹托和鼻锥为黑色，而它们表面的弹药标识为白色。

图 7-34　M791 型 25 mm 穿甲弹

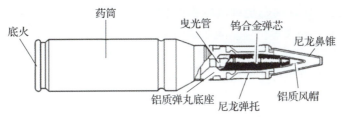

图 7-35　M791 型 25 mm 穿甲弹的基本结构

当底火被击发后,将点燃药筒内的发射药,进而产生高温高压的火药燃气,推动弹丸在炮膛内加速运动,同时引燃弹丸后部的曳光管。弹丸的炮口速度为 1 345 ± 20 m/s。受后坐力、离心力和空气动力的共同作用,弹丸一离开炮管,它的尼龙弹托和鼻锥就迅速脱落。随后,钨合金弹芯采用旋转方式实现飞行稳定,并靠自身的动能来穿透目标。M791 型 25 mm 穿甲弹的重要参数如表 7-18 所示。

表 7-18　M791 型 25 mm 穿甲弹的重要参数

质量		曳光管		引信解保距离	杀伤半径
全弹	弹丸	燃烧时间	有效距离		
458 g	134 g	>1.7 s	>2 000 m	—	—
炮口速度	弹丸飞行时间				有效射程
	1 000 m	1 500 m	2 000 m	2 500 m	
1 345 m/s	0.8 s	1.2 s	1.7 s	2.2 s	2 000 m

在发射该型弹药时,由于脱落的弹托可能影响射击方向上己方暴露步兵的安全,因此需要特别注意。这些脱落的弹托可能会造成人员的伤亡,其飞散区域为射击线左右各 30°、距离为 100 m 的范围内。

2. M792 型 25 mm 杀伤爆破燃烧弹

M792 型弹药属于口径为 25 mm 的杀伤爆破燃烧曳光弹,其英文名称为 M792 High-Explosive Incendiary with Tracer,简称 M792 HEI-T,如图 7-36 所示。该型弹药主要用于打击非装甲车辆、直升机,以及在车载同轴机枪的射程之外(900 m)压制敌方反坦克导弹发射阵地、步兵班等目标，其有效射程为 3 000 m。

图 7-36　M792 型 25 mm 杀伤爆破燃烧弹

M792 型 25 mm 杀伤爆破燃烧弹的基本结构如图 7-37 所示。该型弹药主要包括战斗部、药筒、发射装药、底火等组件。战斗部由 M758 型机械引信、钢质壳体、装药和压入式曳光管等组成，其中装药重 32 g。该型弹药的弹丸为黄色，并涂有红色色带和黑色弹药标识。在一些弹丸上，在红色色带附近，黄色的弹丸颜色略显橙色。

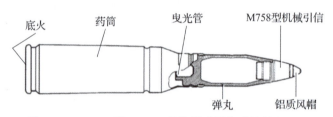

图 7-37　M792 型 25 mm 杀伤爆破燃烧弹的基本结构

当底火被击发后，将点燃药筒内的发射药，进而产生高温高压的火药燃气，推动弹丸在炮膛内加速运动，同时引燃弹丸后部的曳光管。弹丸的炮口速度为 1 100±20 m/s。当 M758 型引信受到撞击后，将引爆弹丸装药，其杀伤半径为 5 m。如果没有击中目标，弹丸将在 3 000 m 左右的距离上自毁。M792 型 25 mm 杀伤爆破燃烧弹的重要参数如表 7-19 所示。

表 7-19　M792 型 25 mm 杀伤爆破燃烧弹的重要参数

质量		曳光管		引信解保距离	杀伤半径
全弹	弹丸	燃烧时间	有效距离		
501 g	185 g	>3.5 s	>2 000 m	10~200 m	5 m
炮口速度	弹丸飞行时间				有效射程
	1 000 m	1 500 m	2 000 m	2 500 m	
1 100 m/s	1.2 s	2.2 s	3.6 s	5.3 s	3 000 m

3. M793 型 25 mm 目标训练弹

M793 型弹药属于口径为 25 mm 的目标训练曳光弹，其英文名称为 M793 Target Practice with Tracer，简称 M793 TP-T，如图 7-38 所示。M793 型目标训练弹主要用于射击训练，它的飞行弹道与 M792 型杀伤爆破燃烧弹类似，可在保证训练效果的基础上降低训练费用。

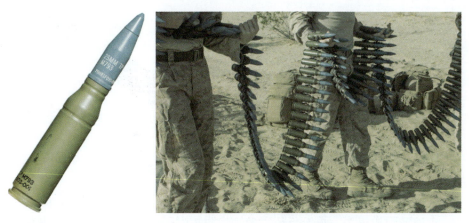

图 7-38 M793 型 25 mm 目标训练弹

M793 型 25 mm 目标训练弹的基本结构如图 7-39 所示。该型弹药的弹丸由空的钢质壳体、铝质风帽和曳光管等组成，弹丸颜色为蓝色，并涂有白色弹药标识。该型弹药的有效射程为 1 600 m，而它的曳光管的示踪距离则超过 2 000 m。需要说明的是，在超过 1 600 m 的距离上该型弹药的命中精度急速下降。M793 型 25 mm 目标训练弹的重要参数如表 7-20 所示。

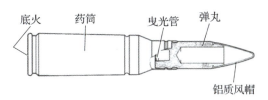

图 7-39 M793 型 25 mm 目标训练弹的基本结构

表 7-20 M793 型 25 mm 目标训练弹的重要参数

质量		曳光管		引信解保距离	杀伤半径
全弹	弹丸	燃烧时间	有效距离		
501 g	182 g	>3.5 s	>2 000 m	—	—
炮口速度	弹丸飞行时间				有效射程
	1 000 m	1 500 m	2 000 m	2 500 m	
1 100 m/s	1.2 s	2.2 s	3.5 s	5.2 s	1 600 m

4. M910 型 25 mm 目标训练弹

M910 型弹药属于口径为 25 mm 的脱壳曳光目标训练弹，其英文名称为 M910 Target Practice Discarding Sabot with Tracer，简称 M910 TPDS-T，如图 7-40 所示。M910 型 25 mm 目标训练弹主要用于射击训练，它的飞行弹道与 M791 型脱壳穿甲弹类似，可在保证训练效果的基础上降低训练费用。

图 7-40　M910 型 25 mm 目标训练弹

M910 型 25 mm 目标训练弹的基本结构如图 7-41 所示。该型弹药的弹丸由铝质弹底、钢质弹芯、钢质或铝质风帽、尼龙弹托、聚乙烯防护帽和曳光管组成。弹丸颜色为蓝色，并涂有白色弹药标识。

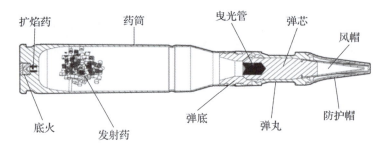

图 7-41　M910 型 25 mm 目标训练弹的基本结构

在 2 000 m 射程内，M910 型目标训练弹的飞行弹道与 M791 型脱壳穿甲弹的误差在 ±1 密位范围内。M910 型 25 mm 目标训练弹的重要参数如表 7-21 所示。

表 7-21　M910 型 25 mm 目标训练弹的重要参数

质量		曳光管		引信解保距离	杀伤半径
全弹	弹丸	燃烧时间	有效距离		
420 g	95 g	>1.8 s	>2 000 m	—	—
炮口速度	弹丸飞行时间				有效射程
	1 000 m	1 500 m	2 000 m	2 500 m	
1 525 m/s	0.7 s	1.2 s	1.8 s	2.5 s	2 000 m

5. M919 型 25 mm 穿甲弹

M919 型弹药属于口径为 25 mm 的尾翼稳定脱壳穿甲曳光弹，其英文名称为 M919 Armor - Piercing, Fin - Stabilized Discarding Sabot with Tracer，简称 M919 APFSDS - T，如图 7-42 所示。该型弹药主要用于打击敌方轻型装甲、自行火炮等车辆目标，以及直升机、低速飞行的固定翼飞机等空中目标。

图 7-42　M919 型 25 mm 穿甲弹

M919 型 25 mm 穿甲弹的基本结构如图 7-43 所示。该型弹药的弹丸由尼龙鼻锥、风帽、贫铀弹芯、钢质尾翼、三瓣式铝质弹托、尼龙滑动弹带和曳光管组成。弹丸的弹托和鼻锥为黑色，弹带为尼龙天然的白色。在各个弹托之间、弹托与贫铀弹芯之间，以及弹托与鼻锥之间涂有绿色的橡胶密封胶。

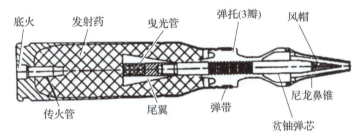

图 7-43　M919 型 25 mm 穿甲弹

M919 型穿甲弹作用原理与 M791 型穿甲弹类似，但它的炮口初速和有效射程稍大，且由于采用了贫铀弹芯，相比钨合金弹芯有更强的穿甲能力。需要注意的是，M919 型穿甲弹仅可用于实战，而在射击训练中严禁使用，这是由于贫铀弹芯会造成一定的环境放射性污染。M919 型 25 mm 穿甲弹的重要参数如表 7-22 所示。

表 7-22　M919 型 25 mm 穿甲弹的重要参数

质量		曳光管		引信解保距离	杀伤半径
全弹	弹丸	燃烧时间	有效距离		
454 g	96 g	>1.8 s	2 500 m	—	—
炮口速度	弹丸飞行时间				有效射程
	1 000 m	1 500 m	2 000 m	2 500 m	
1 385 m/s	0.8 s	1.2 s	1.6 s	2.1 s	2 500 m

第 8 章
不占编制武器及弹药

不占编制武器及弹药是指在部队编制与装备表中，没有提及或无须指定专门的操作手，或作为非主武器及弹药携行和使用的，具有临时配发性质的武器和弹药。

8.1 手榴弹

手榴弹是一种直接用手投掷的弹药，具有使用灵活、射程较短、威力有限等特点，是步兵近战的重要武器。引信所具有的延迟时间可以保证士兵安全地投掷手榴弹。目前，美军装备有破片型、照明型、发烟型、燃烧型、进攻型、练习型、防暴型等多种类型的手榴弹。不同类型的手榴弹具有不同的功能，可为士兵提供多种选择，以高效地完成各种类型的任务。美军进行手榴弹投掷训练的场景如图 8 – 1 所示。

图 8 – 1 美军进行手榴弹投掷训练的场景

8.1.1 基本情况

1. 手榴弹的基本结构

手榴弹通常由壳体、填充物、引信组件等三部分组成。手榴弹壳体用于装填填充物，当填充物为猛炸药时，手榴弹爆炸会撕裂壳体，从而产生高速破片。填充物通常为爆炸性物质或其他化学材料。引信组件用于适时激发填充物，使其发生燃烧或爆炸。

2. 手榴弹的工作原理

美军所有手榴弹的工作原理都是类似的。下面以 M67 型破片手榴弹为例说明其工作原理,如图 8-2 所示。首先从引信上取下安全夹(部分手榴弹不配备安全夹),然后拉动拉环拔出安全销。此时,应确保对安全手柄保持一定压力,因为安全夹和安全销取下来后,安全手柄就会自动弹起。一旦手榴弹被投掷出去,安全手柄上的压力被释放,击针板在扭簧的驱动下绕轴旋转,同时将安全手柄抛出。然后,击针板击发引信上的火帽,火帽发生燃烧,进而引燃延期药。延期药在规定的时间内燃烧完毕,然后激发雷管或点火管,雷管或点火管分别用来引爆猛炸药或引燃化学填充材料。

图 8-2 手榴弹的工作原理

3. 手榴弹的引信组件

按照输出能量形式的不同,美军装备的手榴弹采用两种类型的引信,即引爆型引信和引燃型引信。两种类型引信的功能类似,不同之处在于它们激活填充物的方式。

引爆型引信以爆轰形式输出能量,能够使手榴弹壳体内装填的猛炸药发生爆炸。典型的引爆型引信包括 M213 型引信和 M228 型引信。M213 引爆型引信的基本结构如图 8-3 所示。该引信配用于 M67 型破片手榴弹,其标准延迟时间为 4~5 s。在某些情况下,由于引信的制造缺陷等原因,M213 型引信的延迟时间可能少于 4 s 或多于 5 s。

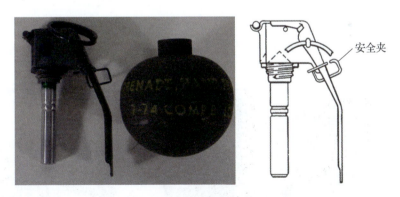

图 8-3 M213 引爆型引信的基本结构

M228 引爆型引信的基本结构如图 8-4 所示,它配套于 M69 型练习手榴弹,可产生 M67 型手榴弹的引信延迟效果。该型引信的延迟时间为 4~5 s,在某些特殊情况下也可能超出这一时间范围。

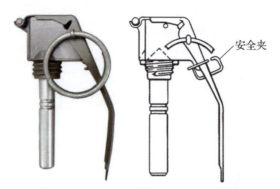

图 8-4 M228 引爆型引信的基本结构

引燃型引信主要用于发烟型、燃烧型、防暴型手榴弹，它以燃烧形式输出能量，通过产生的高温引燃弹体装填的化学药剂。M201A1 型引信属于引燃型引信，其基本结构如图 8-5 所示。这种引信配套于 AN-M8 HC 型和 M83 型白色发烟手榴弹、AN-M14 型燃烧手榴弹、MA3 型防暴手榴弹、M18 系列彩色发烟手榴弹等，它的标准延期时间为 1.2~2.0 s。

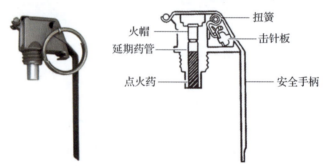

图 8-5 M201A1 型引燃引信的基本结构

8.1.2 各种型号的手榴弹

1. M67 型破片手榴弹

在实战中，最常用的手榴弹当属破片型手榴弹，因为它可为士兵提供非直射的近距作战能力。美军装备的 M67 型破片手榴弹如图 8-6 所示。

图 8-6 美军装备的 M67 型破片手榴弹

M67 型破片手榴弹的基本结构如图 8-7 所示。它主要由壳体、装药、引信和安全夹组成。该型弹药的弹体颜色为橄榄绿,内部装填 Comp B 炸药 184 g。该型弹药配套的 M213 型引信为引爆型引信,具有 4~5 s 的延期起爆时间。引信上配有安全夹,以防在运输和勤务过程中意外发火。

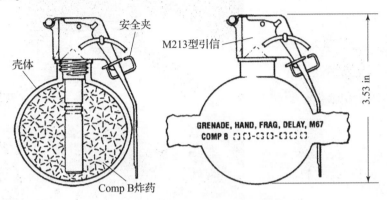

图 8-7　M67 型破片型手榴弹的基本结构

该型手榴弹的壳体由预制刻槽钢板冲压而成,如图 8-8 所示,爆炸时,能够产生大量的高速破片,其密集杀伤半径为 5 m,有效杀伤半径为 15 m,但爆炸产生的破片可飞散到 230 m 处。通常,普通士兵可以将 M67 型手榴弹投掷到 35 m 处。其重要参数如表 8-1 所示。

图 8-8　M67 型破片型手榴弹的壳体

表 8-1　M67 破片型手榴弹的重要参数

质量	长度	直径	弹体颜色	装药	
				类型	质量
397 g	3.53 in	2.5 in	橄榄绿(黄色弹药标识)	Comp B	184 g
引信					
型号	类型	火帽	延期时间	质量	长度
M213 型	引爆型	M42 型	4~5 s	71 g	3.33 in

2. M69型练习手榴弹

美军装备的M69型手榴弹属于练习型手榴弹，用于M67型破片手榴弹的模拟训练，可在保证安全的基础上增强士兵对实弹的熟练程度，如图8-9所示。

图8-9　M69型练习手榴弹

M69型练习手榴弹的基本结构如图8-10所示。该型手榴弹由金属壳体、M228型引信组成，全重397 g。它的弹体是空的，内部没有任何填充物，弹体为蓝色，并在口部涂有棕色色带，其弹药标识为白色。引信组件的安全握柄也为蓝色，但安全手柄的尖端涂有棕色。

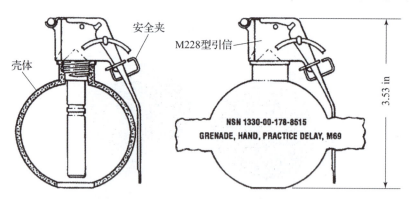

图8-10　M69型练习手榴弹的基本结构

普通士兵可以将M69型手榴弹投掷到40 m远。经过4~5 s的延迟，手榴弹会发出巨大的爆裂声响，并生成一小股白烟。该型手榴弹可以通过更换引信组件来重复使用。需要注意的是，引信爆炸产生的破片会从弹体底部的圆孔中飞出，可能威胁人员安全。M69型练习手榴弹的重要参数如表8-2所示。

表8-2　M69型练习手榴弹的重要参数

质量	长度	直径	弹体颜色	装药	
				类型	质量
397 g	3.53 in	2.5 in	蓝色（白色弹药标识+棕色色带）	—	—

续表

引信					
型号	类型	火帽	延期时间	质量	长度
M228 型	引爆型	M42 型	4～5 s	74 g	3.33 in

3. MK3A2 型进攻手榴弹

美军装备的 MK3A2 型手榴弹属于进攻型手榴弹，它通常被称为震荡手榴弹，如图 8-11 所示。该型手榴弹可用于在近距离战斗中杀伤敌方人员，同时尽量减少对己方人员的风险。MK3A2 型手榴弹的弹体为黑色，全重为 442 g，其壳体采用纤维材料，内部装有 227 g TNT 炸药，引信采用 M206A2 型引信。普通士兵可以将该型手榴弹投掷到 40 m 远。在空旷地域，它的有效杀伤半径为 2 m，但引信产生的碎片可能被抛撒到离引爆点 200 m 远的地方。

MK3A2 型手榴弹也可用于在封闭空间内产生震荡效果，以完成爆破和拆除任务。相比破片型手榴弹，该型手榴弹的装药量通常较大，因此在封闭空间使用时能够产生更强的冲击波超压，可有效杀伤掩体、建筑物等位置的有生力量。

根据生产批次的不同，MK3A2 型手榴弹可能不配备安全夹。安全夹可提供更为可靠的携行和运输安全保障，以防保险销的意外拔出，而造成人员和装备的损失。MK3A2 进攻型手榴弹的基本结构如图 8-12 所示。MK3A2 进攻型手榴弹的重要参数如表 8-3 所示。

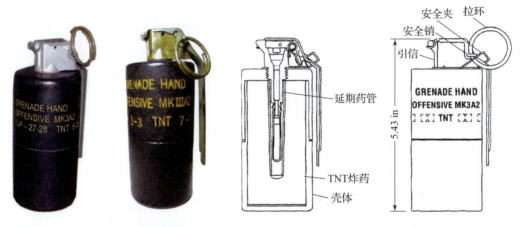

图 8-11 MK3A2 型进攻手榴弹　　　图 8-12 MK3A2 进攻型手榴弹的基本结构

表 8-3 MK3A2 型进攻手榴弹的重要参数

质量	长度	弹体颜色	装药	
			类型	质量
442 g	5.43 in	黑色（黄色弹药标识）	TNT	227 g
引信					
型号	类型	火帽	延期时间	质量	长度
M206A2 型	引爆型	M42 型	4～5 s	74 g	4.3 in

4. M18 型彩色发烟手榴弹

M18 型手榴弹属于燃烧型发烟手榴弹。该型手榴弹能够持续产生 50～90 s 的彩色烟雾，其平均燃烧时间为 60 s，它有多种颜色可供选择。M18 型手榴弹主要用于发出信号，以标示降落场或为航空兵、炮兵指示目标，但也可用于产生遮蔽烟雾来掩护己方的行动。相比 AN/M8 型发烟手榴弹，M18 型手榴弹的发烟效率较低。另外，M18 型手榴弹也可用于化学武器防护训练的替代品，以供士兵开展相关防化模拟训练。M18 型黄色发烟手榴弹及其投掷场景如图 8-13 所示。

图 8-13　M18 型黄色发烟手榴弹及其投掷场景

早期的 M18 型手榴弹利用燃料与氯酸钾的化学反应驱散化学染料，从而产生彩色烟雾。在 20 世纪 80 年代末 90 年代初，该型手榴弹用糖代替硫黄作为安全燃料，同时改变了染料的成分。然而，很快发现这种紫色配方毒性极强，因而这种颜色被逐步淘汰，直到 21 世纪初才研制出了另一种新的无毒紫色配方。目前，美军装备的 M18 型彩色发烟手榴弹共有四种颜色，分别如图 8-14～图 8-17 所示。

根据填充物的不同，M18 型手榴弹可以产生红色、黄色、绿色或紫色烟雾，但这些手榴弹的结构基本相同，如图 8-18 所示。它由钢质圆柱形壳体、填充物和 M201A1 型引信组成，全重 539 g，填充物重 326 g。手榴弹的烟雾喷射孔位于壳体的底部，而在手榴弹的顶部没有喷射孔。

图 8-14　M18 型红色发烟手榴弹

图 8-15　M18 型绿色发烟手榴弹

图 8-16　M18 型黄色发烟手榴弹

图 8-17　M18 型紫色发烟手榴弹

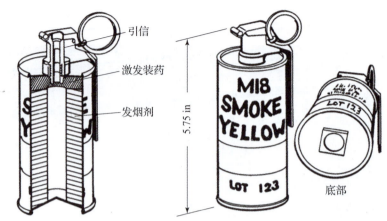

图 8 – 18　M18 型彩色烟雾手榴弹的基本结构

普通士兵可以将 M18 型手榴弹投掷到 35 m 远。M18 型手榴弹的弹体颜色为橄榄绿，在顶部涂有对应的发烟的颜色。M18 型手榴弹不配备安全夹。需要注意的是，M18 型手榴弹在发烟时要消耗空气中的氧气，因此在封闭的空间内使用时，人员有窒息的风险。M18 型彩色发烟手榴弹的重要参数如表 8 – 4 所示。

表 8 – 4　M18 型彩色发烟手榴弹的重要参数

质量	长度	直径	弹体颜色	装药	
				类型	质量
539 g	5.75 in	2.5 in	橄榄绿（黑色弹药标识）	发烟剂	326 g
引信					
型号	类型	火帽	延期时间	质量	长度
M201A1 型	引燃型	M39A1 型	0.7～2.0 s	42.5 g	3.9 in

5. M83 TA 型发烟手榴弹

M83 TA 型手榴弹为白色发烟手榴弹，可用于遮障小型单位的活动，以及从地面向空中发出信号。美军装备的 M83 TA 型手榴弹及其训练场景如图 8 – 19 所示。

图 8 – 19　美军装备的 M83 TA 型手榴弹及其训练场景

M83 TA 型发烟手榴弹及其基本结构如图 8 - 20 所示。该型手榴弹由圆柱形薄壁金属壳体、填充物和 M201A1 型引信组成,全重为 454 g。壳体的直径为 63.5 mm,高 144.8 mm,内部装填 312 g 的对苯二甲酸(TA)。该型手榴弹产生的白色烟雾可持续 25 ~ 70 s。

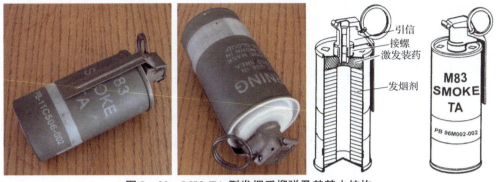

图 8 - 20　M83 TA 型发烟手榴弹及其基本结构

该型手榴弹的弹体颜色为橄榄绿,在壳体顶部涂有白色。该型手榴弹不配备安全夹。M83 TA 型白色发烟手榴弹的重要参数如表 8 - 5 所示。

表 8 - 5　M83 TA 型白色发烟手榴弹的重要参数

质量	长度	直径	弹体颜色	装药	
				类型	质量
454 g	5.7 in	2.5 in	橄榄绿 (浅绿色弹药标识 + 蓝色色带 + 白色顶部)	对苯二甲酸 (TA)	312 g
引信					
型号	类型	火帽	延期时间	质量	长度
M201A1 型	引燃型	M39A1 型	0.7 ~ 2.0 s	42.5 g	3.9 in

6. AN - M8 HC 型发烟手榴弹

AN - M8 HC 型发烟手榴弹的功能与 M83 TA 型手榴弹相同,主要用于目标遮障和信号指示,如图 8 - 21 所示。

图 8 - 21　AN - M8 HC 型发烟手榴弹

AN－M8 HC 型发烟手榴弹的基本结构如图 8－22 所示。它由钢质圆柱形壳体、填充物和 M201A1 型引信组成，全重为 680 g。弹体内的填充物为氢氯化合物（HC，即六氯乙烷），重 539 g。该型手榴弹的弹体颜色为橄榄绿，在壳体顶部涂有白色。AN－M8 HC 型手榴弹产生的白色烟雾可持续 105～150 s。

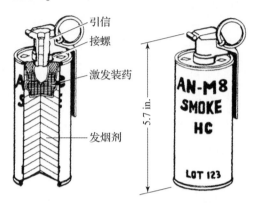

图 8－22　AN－M8 HC 型发烟手榴弹

该型手榴弹不配备安全夹。需要注意的是，AN－M8 HC 型手榴弹燃烧时产生的烟雾有一定的毒性，对眼睛、喉咙和肺均有刺激作用。因此，除非士兵佩戴防护面具，否则不应在封闭的空间内使用。AN－M8 HC 型发烟手榴弹的重要参数如表 8－6 所示。

表 8－6　AN－M8 HC 型发烟手榴弹的重要参数

质量	长度	直径	弹体颜色	装药	
				类型	质量
680 g	5.7 in	2.5 in	浅绿色（黑色弹药标识）	六氯乙烷（HC）	539 g
引信					
型号	类型	火帽	延期时间	质量	长度
M201A1 型	引燃型	M39A1 型	0.7～2.0 s	42.5 g	3.9 in

7. M7A3 型防暴手榴弹

防暴型手榴弹一般装填 CS 刺激性气体（催泪瓦斯）。美国和许多其他国家通常不将 CS（$C_{10}H_5ClN_2$）或其他控制剂划分到化学武器的范畴。美军装备的防暴手榴弹包括 ABC－M7A2 型、ABC－M7A3 型和 M47 型，其主要用于防暴场合或在训练中模拟伤亡要素。

ABC－M7A2 型和 ABC－M7A3 型防暴手榴弹只装填 CS 药剂，其基本结构如图 8－23 所示。它们均采用 M201A1 MOD2 型引信，其不同之处仅在于装填物的数量和形式。ABC－M7A2 型手榴弹装填 156 g 混合燃烧剂和 99 g 位于明胶胶囊内的 CS，ABC－M7A3 型手榴弹装填 213 g 混合燃烧剂和 128 g CS 颗粒。在手榴弹壳体的顶部有 4 个喷射孔，而在壳体的底部有 1 个喷射孔。

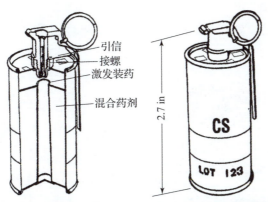

图 8 – 23　ABC – M7A2 型和 ABC – M7A3 型防暴手榴弹的基本结构

ABC – M7A3 型手榴弹的壳体为灰色，并有一条红色色带，如图 8 – 24 所示。CS 有强烈的催泪作用，并可刺激上呼吸道，导致咳嗽、呼吸困难、胸闷，高浓度时会引起恶心和呕吐，进而使人员无法有效行动。在运用过程中，M7A3 型手榴弹可在 15～30 s 的时间内使人失能。当人员被转移至新鲜空气处后，可在 10 min 内恢复到正常状态。

图 8 – 24　ABC – M7A3 型防暴手榴弹

普通士兵可以将该型手榴弹投掷到 40 m 远处，其刺激气体的释放时间可达 15～35 s。需要注意的是，防暴手榴弹喷射出的火花可达 1 m 远，可点燃植被或其他易燃材料。M7A3 型防暴手榴弹的重要参数如表 8 – 7 所示。

表 8 – 7　ABC – M7A3 型防暴手榴弹的重要参数

质量	长度	直径	弹体颜色	装药	
				类型	质量
439 g	5.7 in	2.5 in	灰色 （红色弹药标识 + 红色色带）	催泪瓦斯（CS）+ 燃烧剂	128 g + 213 g
引信					
型号	类型		火帽	延期时间	质量	长度
M201A1 型	引燃型		M39A1 型	0.7～2.0 s	42.5 g	3.9 in

8. M47型防暴手榴弹

M47型防暴手榴弹是一种装填CS的特殊用途的燃烧型防暴手榴弹，它的弹体呈灰色，如图8-25所示。

图8-25 M47型防暴手榴弹

M47型防暴手榴弹的基本结构如图8-26所示。该型手榴弹采用硬质橡胶球体作为壳体，喷射口在壳体的下部，内部装有155 g CS和烟火剂的混合物，手榴弹的全重为410 g。该型手榴弹喷射刺激型气体时，可使弹体在地面做不规则的运动，使得暴乱者很难抓到并将其扔回来。

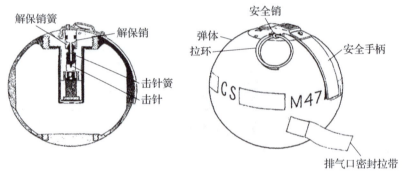

图8-26 M47型防暴手榴弹的基本结构

由于M47型防暴手榴弹会产生大量刺激性的气体，所以使用时己方人员需要佩戴防护面具。投掷M47型防暴手榴弹的场景及其产生的刺激性烟雾如图8-27所示。

图8-27 投掷M47型防暴手榴弹的场景及其产生的刺激性烟雾

普通士兵可将 M47 型手榴弹投掷到 35～45 m 处。激发后，它能燃烧 6～20 s，可覆盖 150 m² 的面积。M47 型防暴手榴弹的重要参数如表 8-8 所示。

表 8-8　M47 型防暴手榴弹的重要参数

质量	直径	装药		
		类型	质量	燃烧时间
410 g	3.5 in	催泪瓦斯混合药剂	155 g	5～25 s
弹体颜色		引信		
		型号	类型	延期时间
灰色 （红色弹药标识 + 红色色带）		M227 型	引爆型	2.5～3.5 s

9. AN-M14 型燃烧手榴弹

美军装备的 AN-M14 型手榴弹属于燃烧型手榴弹，可用于破坏设施设备和纵火，还能够破坏和摧毁车辆、弹药堆（或库）、掩体等目标。AN-M14 型燃烧手榴弹及其燃烧效果如图 8-28 所示。

图 8-28　AN-M14 型燃烧手榴弹及其燃烧效果

AN-M14 型手榴弹由金属弹体、混合燃烧剂（TH3）、M201A1 型引信组成，其基本结构如图 8-29 所示。该型手榴弹的弹体为亮红色，全重 907 g，其中装药重 751 g。燃烧剂燃烧时能够产生大量铁水，温度可达 2 388℃，能够烧穿 12.7 mm 厚的均质钢板。这种燃烧剂自带氧化剂，在水中也能够燃烧。该型手榴弹不配备安全夹。

普通士兵可以将 AN-M14 型手榴弹投掷到 25 m 处。需要注意的是，应避免直视正在燃烧的 AN-M14 型手榴弹，否则可能造成眼睛永久性的损伤。AN-M14 型燃烧手榴弹的重要参数如表 8-9 所示。

10. M84 型非致命手榴弹

美军装备的 M84 型手榴弹属于闪光爆震型非致命手榴弹，可用于建筑物和房间的清理行动中。M84 型手榴弹的弹体颜色为橄榄绿，弹体中部有一条淡绿色色带，如图 8-30 所示。

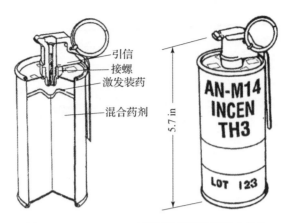

图 8-29　AN-M14 型燃烧手榴弹的基本结构

表 8-9　AN-M14 型燃烧手榴弹的重要参数

质量	长度	直径	弹体颜色	装药	
				类型	质量
907 g	5.7 in	2.5 in	亮红色（黑色弹药标识）	混合燃烧剂（TH3）	751 g
引信					
型号	类型	火帽	延期时间	质量	长度
M201A1 型	引燃型	M39A1 型	0.7~2.0 s	42.5 g	3.9 in

图 8-30　M84 型非致命手榴弹

M84 型非致命手榴弹的基本结构如图 8-31 所示。该型手榴弹长 133 mm，其弹体两端的六边形的边长为 44 mm，全重 425 g，弹体上有 12 个爆炸/闪光释放孔。它采用的 M201A1 MOD 2 型引信的爆炸延期时间为 1.0~2.3 s。

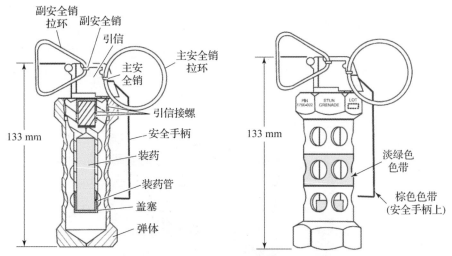

图 8–31 M84 型非致命手榴弹的基本结构

在爆炸时，M84 型手榴弹会产生强烈的热量，发光强度超过 100 万蜡烛光，并在 5 ft 的距离上发出 170~180 dB 的爆炸声。该型手榴弹能在 9 m 范围内使人员意识模糊、定向障碍、耳膜受伤和暂时失聪，它的闪光可能会损害人眼视力和夜视设备。M84 型非致命手榴弹的重要参数如表 8–10 所示。

表 8–10 M84 型非致命手榴弹的重要参数

质量	长度	弹体颜色	装药	
			类型	质量
425 g	133 mm	橄榄绿（白色弹药标识 + 淡绿色色带）	烟火剂	3.5 g
引信				
型号	类型	火帽	延期时间	质量	长度
P/N 1750–037 型	引燃型	M39A1 型	1.0~2.3 s	142 g	98 mm

8.2 单兵肩射武器及其弹药

肩射武器及其弹药主要用于打击轻型装甲车辆、野战工事或其他类似的目标。这些武器和弹药通常采用临时配发方式配备给部队。目前，美军装备的肩射武器包括 M72 系列轻型反装甲武器（M72 - Series Light Anti - Armor Weapons，简称 LAW）、M136 AT4 型轻型反装甲武器（M136 AT4 Light Anti - Armor Weapon，简称 AT4）、M141 型单兵火箭筒攻坚弹（M141 Bunker Defeat Munition，简称 BDM）和 M3 型多用途单兵武器系统（M3 Multi - Role Anti - Armor Anti - Personnel Weapon System，简称 MAAWS）等。

8.2.1 M72 系列轻型反装甲武器

在第二次世界大战期间，坦克和其他装甲车辆的重要性日益增加，进而引发对步兵反装甲武器的迫切需求。最初使用的武器包括燃烧瓶、火焰喷射器、炸药包、临时埋设的地雷等。然而，所有这些武器都必须在距离目标几米的范围内使用，从而操作起来非常危险，并难以奏效。

在20世纪50年代后期，美军研制并装备了M31型反装甲枪榴弹，如图8-32所示。该型弹药采用尾翼稳定方式，其战斗部能够穿透200 mm厚的钢质装甲，对混凝土工事的穿透厚度大约为400 mm。

图8-32　美军装备的M31型反装甲枪榴弹

除枪榴弹之外，美国陆军还研制并列装了首款采用火箭推进的单兵火箭弹，即"巴祖卡"（Bazooka）火箭筒，如图8-33所示。虽然早期的型号存在不少问题，但它总体上是成功的，并被其他国家效仿。该型火箭弹发射器体积较大，容易被损坏，且需要两名训练有素的人员才能操作。

图8-33　美军装备的"巴祖卡"单兵火箭弹发射器

在美国"巴祖卡"和德国"铁拳"单兵火箭弹的基础上，美国研制又研制成功了M72系列轻型反装甲武器，如图8-34所示。M72系列轻型反装甲武器是一种便携式非制导武器。1963年年初，美国陆军和海军陆战队列装了该型武器，并作为步兵的主要反坦克武器，取代了M31型破甲枪榴弹和M20A1型"巴祖卡"单兵火箭弹。

图 8-34　美军装备的 M72 系列轻型反装甲武器

M72 系列轻型反装甲武器包含多个型号，但其结构基本相似。该系列武器的发射器由两个管体组成，平时两个管体嵌套在一起，发射时将两个管体拉开，如图 8-35 所示。

M72 系列轻型反装甲武器采用弹筒合一形式，即在发射器内装有一枚弹药，发射器兼具储存弹药的功能，发射后就可以将发射器丢弃。M72 系列轻型反装甲武器的弹药如图 8-36 所示。弹药采用口径为 66 mm 的破甲战斗部，其破甲深度超过 300 mm。引信由头部激发装置和弹底起爆装置两部分组成。该型弹药具有 6 片可折叠的尾翼，在筒内尾翼折向火箭发动机方向，出筒后在扭簧的作用下自动张开，以保证弹丸的飞行稳定性。M72 系列轻型反装甲武器配套弹药的重要参数见表 8-11。

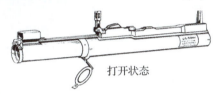

图 8-35　M72 系列轻型反装甲武器的发射器

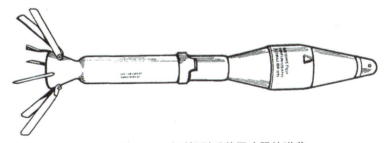

图 8-36　M72 系列轻型反装甲武器的弹药

表 8-11　M72 系列轻型反装甲武器配套弹药的重要参数

弹药型号	长度	质量	口径	初速	有效射程		解保距离	最大射程
					固定目标	运动目标		
M72A2	50.8 cm	1.8 kg	66 mm	144.8 m/s	200 m	165 m	10 m	1 000 m
M72A4/5/6/7	50.8	1.8	66 mm	200 m/s	220 m		25 m	1 400 m

8.2.2 M136 AT4 型轻型反装甲武器

M136 AT4 型轻型反装甲武器是美国陆军主要的轻型反坦克武器,大量装备于步兵作战部队,用来打击敌方轻型装甲车辆。该型武器采用弹筒合一形式,即在发射器内装有一枚弹药,发射器兼具储存弹药的功能,发射后即可将发射器丢弃。M136 AT4 型轻型反装甲武器如图 8-37 所示。

图 8-37　M136 AT4 型轻型反装甲武器

该型武器配套弹药如图 8-38 所示。该型弹药采用尾翼稳定方式,在弹丸尾部安装曳光管,用于指示飞行弹道。战斗部采用成型装药形式,它的引信具有弹头激发/弹底起爆功能。

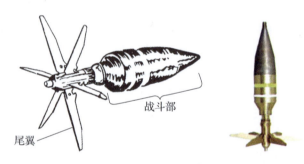

图 8-38　M136 AT4 型轻型反装甲武器配套弹药

AT4 最初只有一个型号,随着时间的推移,又研制了多个改进型号,这些型号发射时后方会产生高温危险区域,从而限制了在有限空间内发射。为此,美军又研制装备了可以在有限空间内发射的型号,并命名为 CS 型(Confined Spaces),这种型号采用了平衡体的发射方式。通常,CS 型的重量会稍大一些,并且价格也会更高。美军列装的 M136 AT4 型轻型反装甲武器包括 AT4 基本型、AT4 CS 型、AT4 HP 型、AT4 CS HP 型、AT4 LMAW 型、AT4 CS LMAW 型等。

AT4 基本型于 1987 年装备美军部队,该型武器的弹药采用破甲战斗部,主要用于打击轻型装甲车辆。AT4 基本型的重要参数如表 8-12 所示。

表 8-12　M136 AT4 基本型的重要参数

质量	长度	战斗部			初速	射程	
		直径	类型	破甲能力		有效	最大
6.7 kg	101.6 cm	84 mm	HEAT	>400 mm RHA	285 m/s	300 m	500 m

AT4 CS 型与 AT4 基本型具有相同的战斗部,但它采用平衡体发射方式,从而允许在有限空间内向外进行射击,可满足城市作战的特殊需求。AT4 CS 型的重要参数如表 8-13 所示。

表 8-13　AT4 CS 型的重要参数

质量	长度	战斗部			初速	射程	
		直径	类型	破甲能力		有效	最大
7.5 kg	104 cm	84 mm	HEAT	>400 mm RHA	220 m/s	300 m	500 m

AT4 HP 型采用改进型战斗部,因而具有更强的破甲能力,其中 HP 是"High Penetration"的简称。相比 AT4 基本型,它的破甲能力大约提高了 50%。

AT4 CS HP 型是在 AT4 HP 型的基础上进行了改进,使其具备了在有限空间内发射的能力。AT4 CS HP 型的重要参数如表 8-14 所示。

表 8-14　AT4 CS HP 型的重要参数

质量	长度	战斗部			初速	射程	
		直径	类型	破甲能力		有效	最大
7.5 kg	104 cm	84 mm	HEAT	500~600 mm RHA	220 m/s	300 m	500 m

AT4 LMAW 型是 AT4 的杀爆双用途型号,其战斗部的英文为"High Explosive Dual Purpose",简称 HEDP。LMAW 的英文是"Light Multipurpose Assault Weapon",即轻型多用途突击武器。该型武器配套弹药的引信有碰炸和延期两种模式可供选择。

AT4 CS LMAW 型是在 AT4 LMAW 型的基础上进行了改进,使其具备了在有限空间内发射的能力。AT4 CS LMAW 型的重要参数如表 8-15 所示。

表 8-15　AT4 CS LMAW 型的重要参数

质量	长度	战斗部				初速	射程	
		直径	类型	破甲能力	具有较强爆破能力		有效	最大
约 8 kg	104 cm	84 mm	HEDP	150 mm RHA		235 m/s	300 m	500 m

8.2.3　M141 型单兵火箭筒攻坚弹

M141 型单兵火箭筒是美军研制并装备的一种攻坚武器,主要用于摧毁碉堡、野战工事等目标。该型武器采用弹筒合一形式,为一次性使用,发射后即可丢弃发射器。该型武器于 1999 年列装美军部队。美军装备的 M141 型单兵火箭筒及其配套弹药如图 8-39 所示。

M141 型单兵火箭筒攻坚弹的基本结构如图 8-40 所示。该型火箭筒弹的战斗部装有 1 kg 的含铝 Composition A-3 炸药,具有很大的威力。该型弹药能够穿透 200 mm 的混凝土、300 mm 的砖墙或 2 100 mm 厚的沙袋堆。但是,与类似的武器相比,它对装甲的穿透能力较低,仅能穿透 20 mm 的均质装甲板。然而毫无疑问的是,该型弹药的后效作用会立即杀伤所有轻装甲车辆内的乘员。

图 8-39　美军装备的 M141 型单兵火箭筒及其配套弹药

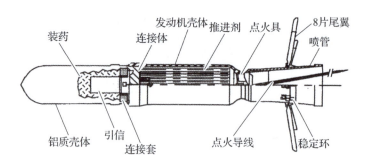

图 8-40　M141 型单兵火箭筒攻坚弹的基本结构

该型武器的引信有两种引爆模式，即瞬爆和延迟引爆。虽然具有这两种引爆模式的引信并不罕见，但该型武器的引信仍具有自身的特殊性。因为当弹丸穿透相对薄弱的障碍物（如木板墙）后，引信再起爆弹丸，而当弹丸撞击坚固物体（混凝土墙）时，引信将立即起爆弹丸。这种引爆模式是引信依靠着靶情况而自动作用的，无须射手在射击前进行设定。这种功能既可以简化射击步骤，又提高了对目标的适应能力，从而增强了毁伤效果。该型引信的解保距离为 15 m。M141 型单兵火箭筒攻坚弹的重要参数如表 8-16 所示。

表 8-16　M141 型单兵火箭筒攻坚弹的重要参数

全重	口径	长度		初速	有效射程		侵彻能力			
		平时	展开		固定目标	移动目标	砖墙	混凝土	沙袋堆	装甲
7.1 kg	83 mm	792 mm	1 371 mm	271 m/s	500 m	300 m	300 mm	200 m	2 100 mm	20 mm

2001 年，当美军部署到阿富汗打击基地组织和塔利班时，M141 型单兵火箭筒被及时地装备了前线部队。在阿富汗战争中，虽然对手很少运用装甲车辆，但美军却几乎每天都会遭遇从建筑物或防御工事向外开火的战斗。因此，实战很快证明了该型武器的有效性，并得到美军士兵和军官的一致好评。

8.2.4 M3 型多用途单兵武器系统

M3 型多用途单兵武器系统是美军装备的一种便携式无坐后力炮，可重复使用，弹药口径为 84 mm。该无坐力炮主要由环氧树脂和碳纤维层压制而成，内壁装有钢衬。发射时，该型武器系统依靠向后飞散的火药燃气实现后坐力的平衡。M3 型多用途单兵武器系统发射时的场景如图 8-41 所示。M3 型多用途单兵武器系统发射器的重要参数如表 8-17 所示。

图 8-41　M3 型多用途单兵武器系统发射时的场景

表 8-17　M3 型多用途单兵武器系统发射器的重要参数

口径	质量			长度	实际射速
	净重	含两脚架和望远瞄准镜	含热像仪		
84 mm	20 lb	22.6 lb	23.8 lb	106.5 cm	约 6 发/min

该型武器系统可用于打击 700 m 内的轻型装甲车辆和 1 300 m 内的无装甲车辆或类似目标。该型武器系统配套多种型号的弹药，弹药从发射器的后部进行装填，如图 8-42 所示。

图 8-42　M3 型多用途单兵武器系统的配套弹药和装弹场景

M3 型多用途单兵武器系统配套弹药的型号及用途见表 8-18。图 8-43 展示了各型配套弹药，从左到右依次为 HEAT 551 型、HEAT 551C 型、HEAT 751 型、HEAT 655 CS 型、HEDP 502 RS 型、MT 756 型、ASM 509 型、HE 441D RS 型、ADM 401 型、SMOKE 469C 型、Illuminator 545C 型、TPT 141 型等。

表 8–18　M3 型多用途单兵武器系统配套弹药的型号及用途

弹药型号	HEAT 551	HEAT 551C	HEAT 751	HEAT 655 CS	HEDP 502 RS	MT 756
用途	反装甲	反装甲	反装甲	反装甲	多用途/攻坚	多用途/攻坚
弹药型号	ASM 509	HE 441D RS	ADM 401	SMOKE 469C	Illuminator 545C	TPT 141
用途	多用途/攻坚	反步兵	反步兵	发烟	照明	射击训练

图 8–43　M3 型多用途单兵武器系统的配套弹药

第 9 章
弹药装备体系特点规律

通过对前文内容的分析归纳，美国陆军旅战斗队的弹药装备体系呈现出以下特点规律：

1. 系统构建弹药装备体系

以陆军的战略作用为导向，以陆军部队的作战职能为基础，美军构建了模块化部队。作为模块化部队的核心作战力量，旅战斗队针对具体威胁环境设计部队编制，编配相关武器和装备，同时系统构建了弹药装备体系。各型弹药的性能和技战术指标相互衔接紧密，鲜有交叉重叠，这样既减少了弹药装备的型号数量，降低了战时弹药保障难度和压力，同时又增强了部队运用弹药的熟练程度，推动了战备训练水平的提高。

2. 急切追求夜战能力优势

非对称作战是美军大力追求的目标。为了达到"以优胜劣"，美军为夜间实施作战做足了准备。除大量装备夜视观瞄设备外，美军列装了枪械用红外曳光弹。这种枪弹不仅能够降低枪口火焰，弱化对夜视观瞄设备的干扰，而且飞行中的红外曳光弹丸不能被裸眼看到，可以避免未装备夜视设备的敌人发现己方的射击阵地，进而提高了己方人员的战场生存能力。

对于迫击炮、榴弹炮而言，除常规的照明弹之外美军还装备了红外照明弹。这种红外照明弹产生的光照只有在夜视设备的观察下才有效，而对于裸眼观察是没有效果的。

这些红外类型弹药的大量装备，为美军构建了单向透明的战场，增强了美军夜间作战的能力。

3. 大批列装运用制导弹药

根据美国国防部副部长办公室于 2021 年 5 月发布的武器系统项目采办经费文件中对美国国防部 2022 财年武器装备预算要求，美军 2022 财年武器采办的总投资为 2 456 亿美元，其中弹药导弹采办经费为 203 亿美元，占武器采办经费的 8.3%。在 203 亿美元的采办经费中，又被切分为常规弹药、战术导弹和战略导弹三部分。其中常规弹药的采办经费为 46 亿美元，采办内容包括枪弹、手榴弹、迫击炮弹、榴弹炮弹、地雷爆破器材等主要由地面部队使用的弹药；战术导弹的采办经费为 102 亿美元，采办内容为各种型号的非核导弹；战略导弹的采办经费为 55 亿美元，采办内容为各种型号的核导弹。从弹药导弹各部分的采办经费数量可以看出，战术导弹是美军弹药导弹采办的重点内容，经费约占总额的 50%。

表 9-1 列出了近年来美军各财年弹药导弹采办预算的相关数据。从表中可以发现，常规导弹的采办经费占比总体呈下降趋势；战术导弹的采办经费占比总体呈上升趋势；而战略导弹的采办经费占比虽有波动，但整体呈平稳状态。这说明美军正在大批采购列装各种制导弹药，随之可能引发作战理论和打击方式的改变，值得世界其他各国军队进行关注。

表 9-1　美军弹药导弹的采办经费及各部分占比

财年	常规弹药		战术导弹		战略导弹		经费合计/亿美元
	采办经费/亿美元	经费占比/%	采办经费/亿美元	经费占比/%	采办经费/亿美元	经费占比/%	
2022	46	22.66	102	50.25	55	27.09	203
2021	60	28.17	113	53.05	40	18.78	213
2020	73	33.64	109	50.23	35	16.13	217
2019	73	35.27	101	48.79	33	15.94	207
2018	54	32.93	81	49.39	29	17.68	164
2017	50	35.97	65	46.76	24	17.27	139
2016	39	32.77	59	49.58	21	17.65	119
2015	27	30.00	44	48.89	19	21.11	90
2014	32	34.78	43	46.74	17	18.48	92
2013	42	40.78	42	40.78	19	18.45	103
2012	44	40.00	46	41.82	20	18.18	110
2011	56	43.41	55	42.64	18	13.95	129
2010	55	44.00	53	42.40	17	13.60	125

虽然以上是对美军整体弹药导弹采办经费的分析，受兵力数量、任务要求等因素的限制，在美国陆军装备的所有弹药中的导弹采购经费占比可能相对会少些，但可以想象，美国陆军也一定投入了大量经费在采购和列装制导类弹药。

4. 促进武器弹药兼容互换

为了降低战场勤务压力，提高弹药保障效益，美国陆军装备的弹药通常可以兼容多种武器平台。例如，拖曳式 120 mm 迫击炮、车载式 120 mm 迫击炮和自行式 120 mm 迫击炮三者配套的弹药相互兼容；M777 型 155 mm 牵引式榴弹炮和 M109 型 155 mm 自行式榴弹炮所使用的弹药也可以兼容互换。

5. 推广不等式模块化装药

美军装备的 155 mm 榴弹炮都采用了模块化发射装药。这种模块化发射装药属于不等式模块化装药，包括 M231 型模块装药和 M232 型模块装药两种模块，如图 9-1 所示。模块化发射装药的使用可以省去射击前的装药调整环节，缩短发射准备时间，进而提高了射击速度，增强了野战炮兵的快速反应和打击机会目标的能力。由于模块化装药不需要使用药筒，因此降低了发射装药生产和后勤保障要求。另外，模块化发射装药的运用不会产生多余的发射装药，避免了发射装药的浪费，节约了作战资源。

M231型模块装药

M232型模块装药

图9-1　美国陆军装备的不等式模块化发射装药

6. 普遍使用目标训练弹药

在美国陆军旅战斗队的武器装备中，除枪械和榴弹炮之外都配备了目标训练弹药。按照美军弹药标志规范相关要求，目标训练弹的外表面涂以蓝色，如图9-2所示。

图9-2　美国陆军旅战斗队装备的各种目标训练弹

目标训练弹通常具有与实弹相同的射表，在训练时可按照与实弹射击相同的方法和要求进行，训练的逼真度基本等同于实弹。由于目标训练弹的弹丸内不含炸药，不仅提高了操作使用过程的安全性，而且当出现射击未爆弹时，也会降低未爆弹排除的风险。为了提高远距离观察命中点的能力，部分目标训练弹中装有带颜色的粉末、闪光剂等物质，能够增强命中点处的观察效果，进而强化训练成效。对于榴弹发射器、中小口径火炮等武器等而言，其配备的目标训练弹通常不带引信，这样可以极大地降低弹药的采购成本。在总体采购经费不变的情况下，可以购买更大数量的弹药，进而提高部队的训练能力。

参 考 文 献

[1] TM 43-0001-28. Army Ammunition Data Sheets, Artillery Ammunition Guns Howitzers, Mortars, Recoilless Rifles, Grenade Launchers and Artillery Fuzes [S] Headquarters, Department of the Army, Washington, DC, 1994.

[2] FM 3-23. 35. Combat Training with Pistols, M9 and M11 [S] Headquarters, Department of the Army, Washington, DC, 2003.

[3] MCRP 3-01A. Rifle Marksmanship [S] U. S. Marine Corps, 2001.

[4] TC 3-22. 249. Light Machine Gun M249 Series [S] Headquarters, Department of the Army, Washington, DC, 2017.

[5] TC 3-22. 240. Medium Machine Gun [S] Headquarters, Department of the Army, Washington, DC, 2017.

[6] TC 3-22. 50. Heavy Machine Gun M2 Series [S] Headquarters, Department of the Army, Washington, DC, 2017.

[7] TM 3-22. 31. 40-mm Grenade Launchers [S] Headquarters, Department of the Army, Washington, DC, 2010.

[8] TC 3-22. 19. Grenade Machine Gun MK19 Mod 3 [S] Headquarters, Department of the Army, Washington, DC, 2017.

[9] TC 3-22. 37. Javelin-Close Combat Missile System, Medium [S] Headquarters, Department of the Army, Washington, DC, 2013.

[10] FM 3-22. 34. Tow Weapon System [S] Headquarters, Department of the Army, Washington, DC, 2003

[11] TC 3-22. 90. Mortars [S] Headquarters, Department of the Army, Washington, DC, 2017.

[12] FM 3-09. 70. Tactics, Techniques, and Procedures for M109A6 Howitzer (Paladin) Operations [S] Headquarters, Department of the Army, Washington, DC, 2000.

[13] ATP 3-21. 91. Stryker Brigade Combat Team Weapons Troop [S] Headquarters, Department of the Army, Washington, DC, 2017.

[14] ST 3-22. 6. Stryker Brigade Combat Team, Antiarmor Company, and Platoon Leaders'

Handbook [S] US Army Infantry School, Fort Benning, GA, 2009.

[15] TC 3 – 23. 30. Grenades and Pyrotechnic Signals [S] Headquarters, Department of the Army, Washington, DC, 2013.

[16] FM 3 – 23. 25. Light Anti – Armor Weapons [S] Headquarters, Department of the Army, Washington, DC, 2001.

[17] TC 3 – 22. 84. M3 Multi – Role, Anti – Armor Anti – Personnel Weapon System [S] Headquarters, Department of the Army, Washington, DC, 2019.